U0335987

国家科技基础性工作专项重点项目
东 北 草 地 植 物 资 源 专 项 调 查

东北草地野生植物识别手册

曹 伟 张文浩 主编

辽宁科学技术出版社
沈 阳

图书在版编目（CIP）数据

东北草地野生植物识别手册 / 曹伟，张文浩主编. —沈阳：辽宁科学技术出版社，2019. 6
ISBN 978-7-5591-1195-1

Ⅰ. ①东… Ⅱ. ①曹… ②张… Ⅲ. ①野生植物—识别—东北地区—手册 Ⅳ. ①Q948.523-62

中国版本图书馆CIP数据核字（2019）第101987号

出版发行：辽宁科学技术出版社
（地址：沈阳市和平区十一纬路25号 邮编：110003）
印 刷 者：辽宁新华印务有限公司
经 销 者：各地新华书店
幅面尺寸：185mm × 260mm
印 张：13.5
插 页：4
字 数：200千字
出版时间：2019年6月第1版
印刷时间：2019年6月第1次印刷
责任编辑：陈广鹏
封面设计：李 嵘
责任校对：李淑敏

书 号：ISBN 978-7-5591-1195-1
定 价：120.00元

联系电话：024-23280036
邮购热线：024-23284502
http://www.lnkj.com.cn

主　编　曹　伟　张文浩

副主编　崔国文　张　粤

编著者　（按姓氏笔画为序）

王天佐　吕林有　任立飞　多田琦

苏道岩　李　冰　李　岩　李忠宇

张　悦　张　粤　张文浩　邵云玲

聂　宝　郭　佳　高　燕　黄彦青

曹　伟　崔国文　冀国旭

编著者分工

张文浩、聂宝、任立飞、王天佐（中国科学院植物研究所）

木贼科、松科、杨柳科、榆科、檀香科、蓼科、马齿苋科、石竹科、藜科、苋科、毛茛科、罂粟科、十字花科、蔷薇科

张粤、黄彦青、苏道岩、李岩（中国科学院沈阳应用生态研究所）

豆科、牻牛儿苗科、蒺藜科、亚麻科、大戟科、远志科、锦葵科、瑞香科、堇菜科、千屈菜科、柳叶菜科、伞形科、报春花科、白花丹科、龙胆科、萝藦科、茜草科、旋花科、紫草科

曹伟、邵云玲、郭佳、张悦（中国科学院沈阳应用生态研究所），高燕（烟台市昆嵛山林场），吕林有（辽宁省沙地治理与利用研究所），李忠宇（凤城市林业发展服务中心）

唇形科、茄科、玄参科、紫葳科、车前科、败酱科、川续断科、桔梗科、菊科及全书整编

崔国文、冀国旭、多田琦、李冰（东北农业大学）

泽泻科、花蔺科、百合科、雨久花科、鸢尾科、灯心草科、禾本科、浮萍科、香蒲科、莎草科、兰科

前言

PREFACE

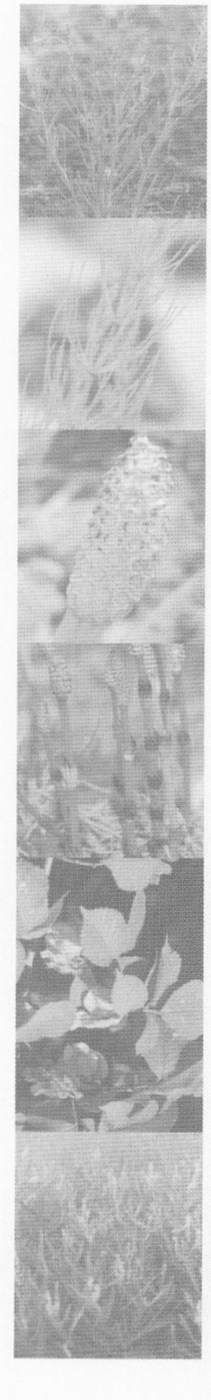

东北地区土地肥沃，气候条件多样，分布着大面积的草地。东北草地的野生植物资源非常丰富，有世界著名的优良草场，生长着羊草、针茅、苜蓿、冰草等营养丰富的牧草，草质优良，自然更新能力强，潜在生产力高，有“牧草王国”之称，生产的牧草和肉、奶、皮、毛等畜产品倍受国内外消费者青睐。东北草地广阔无垠，羊群点缀其间，草地风光极为绮丽，令人心驰神往，是中外闻名的旅游胜地，每到水草丰美的季节吸引大量的游客前来观赏。

本书介绍了东北草地植物200种，隶属于53科151属。每种植物配有多幅形态特征及生境图片，并记载了植物名称、形态特征、花期果期、生境等内容。本书科名按照恩格勒1964年的系统排列，科内的属名与种名均按拉丁文字母顺序排列。

本书在国家科技基础性工作专项重点项目——东北草地植物资源专项调查（2014FY210300）的支持下完成。在此期间，数百名科考人员足迹踏遍东北各大草地，拍摄了大量的珍贵的植物照片。我们将这些资料优中选精，编辑一本野外植物识别手册。本书可供草地工作者开展草地调查，以及广大植物爱好者识别植物之用，也可供有关科研、教学和生产部门参考。

曹　伟

2019年5月

目 录 CONTENTS

木贼科

松 科

杨柳科

榆 科

檀香科

蓼 科

马齿苋科

石竹科

蔷薇科

豆　科

唇形科

茄　科

玄参科

紫葳科

车前科

败酱科

川续断科

桔梗科

菊　科

泽泻科

花蔺科

百合科

雨久花科

鸢尾科

灯心草科

禾本科

浮萍科

香蒲科

莎草科

兰 科

1. 问　荆　Equistum arvense L.

多年生草本，中小型。根茎斜生、直立或横走，节和根密生黄棕色长毛或光滑无毛。地上枝当年枯萎，二型；能育枝春季先萌发，无轮生分枝，脊不明显，鞘筒栗棕色或淡黄色，长约0.8cm，鞘齿9～12，栗棕色，鞘背仅上部有一浅纵沟；不育枝后萌发，高达40cm，绿色，轮生分枝多，脊背部弧形，无棱，有横纹，鞘筒绿色，狭长，鞘齿5～6，三角形，中间黑棕色，边缘膜质，宿存。孢子囊穗圆柱形，长1.8～4.0cm，直径0.9～1.0cm，顶端钝，成熟时柄伸长，柄长3～6cm。

生于草地、河边或沙地。

2. 木　贼　Hippochaete hyemale (L.) Boern.

多年生草本，高可达1m以上。根茎横走或直立，黑棕色，节具黄棕色长毛。地上枝多年生，一型，绿色，不分枝或基出少数侧枝，具脊16～22，脊背部弧形或近方形，有小瘤2行；鞘筒0.7～1.0cm，全部黑棕色或顶部及基部各有一圈黑棕色或仅顶部有一圈黑棕色；鞘齿16～22，披针形，小，长0.3～0.4cm，顶端淡棕色，膜质，芒状，早落，下部黑棕色，薄革质，基部的背面有4纵棱，宿存或随鞘筒一起早落。孢子囊穗卵状，长1.0～1.5cm，直径0.5～0.7cm，顶端有小尖突，无柄。

生于林下湿地、水沟边或湿草地。

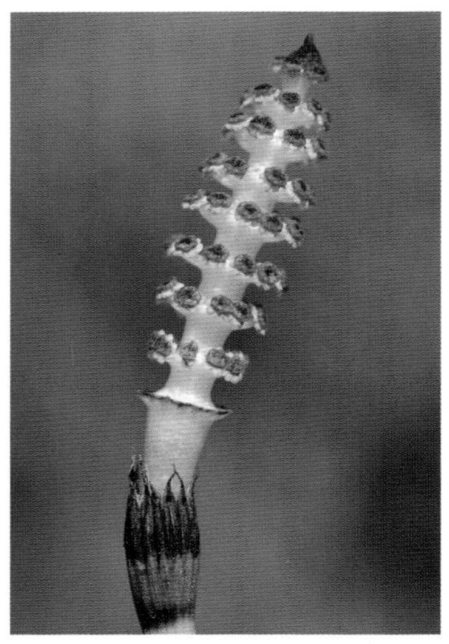

3. 樟子松 **Pinus sylvestris** L. var. **mongolica** Litv.

乔木，高达25m，胸径达80cm。树干下部树皮褐色，深裂成不规则的鳞片脱落，上部树皮黄色，内侧金黄色，薄片状脱落。冬芽褐色，有树脂。针叶2针一束，微扁，常扭曲，长4～9cm，径1.5～2mm，两面均有气孔线；叶鞘基部宿存。雄球花圆柱状卵形，聚生新枝下部；雌球花有短梗，淡紫褐色，下垂。成熟球果长卵圆形；中部种鳞的鳞盾多呈斜方形，纵脊、横脊显著，多反曲，鳞脐呈瘤状凸起，有易脱落的短刺；种子黑褐色，长卵圆形，微扁。花期6月，球果翌年9—10月成熟。

生于山地及沙丘地带。

4. 筐　柳　Salix linearistipularis Hao

灌木或小乔木，高可达8m。小枝细长。芽卵圆形，褐色，无毛。叶线状披针形，长8～15cm，宽5～10mm，初被绒毛，后落，上面绿色，下面苍白色，边缘有腺锯齿，外卷；叶柄无毛；托叶线形，长达1.2cm，边缘有腺齿，萌枝上的托叶长达3cm。花叶同发，无花序梗，基部具鳞片2；雄花序长圆柱形，长3～3.5cm，横径2～3mm；雄蕊2，花丝合生，花药黄色；苞片倒卵形，有长毛；腺腺1；雌花序长圆柱形，长3.5～4cm，横径5mm；子房被毛，花柱短，柱头2裂。花期5月，果期5—6月。

生于平原低湿地，河、湖岸边等。

5. 大果榆　Ulmus macrocarpa Hance

落叶乔木或灌木，高达20m，胸径可达40cm。树皮暗灰色，纵裂，粗糙，小枝具木栓翅。幼枝有疏毛，老枝常无毛，具散生皮孔。冬芽卵圆形。叶倒卵形，厚革质，大小变异很大，长5～9cm，宽3.5～5cm，先端短尾状，基部渐狭至圆，两面粗糙，侧脉每边6～16，边缘具大而浅钝的重锯齿；叶具柄。花在去年生枝上排成聚伞花序或于新枝基部散生。翅果较大，宽倒卵圆形，长2.5～3.5cm，宽2～3cm，顶端凹或圆，两面及边缘有毛，果核部分位于翅果中部。花期4月，果期5—6月。

生于山坡、谷地、台地、黄土丘陵、固定沙丘及岩缝中。

6. 百蕊草 **Thesium chinense** Turcz.

多年生草本，高15～40cm，全株被白粉，无毛。茎细长，有纵沟，簇生，基部以上疏分枝，斜生。叶线形，长1.5～3.5cm，宽0.5～1.5mm，具单脉。花单一，5数，腋生；花梗短，长3～3.5mm；苞片1，线状披针形；小苞片2，线形；花被白绿色，长2.5～3mm，花被呈管状，花被裂片顶端锐尖，内弯；雄蕊不外伸；子房无柄，花柱很短。坚果近球形，淡绿色；顶端的宿存花被近球形。花期5—6月，果期6—7月。

生于山坡灌丛间、林缘、石砾质地、干燥草地等处。

7. 萹蓄蓼　Polygonum aviculare L.

一年生草本，高10～40cm。茎平卧、上升或直立，自基部多分枝，具纵棱。叶椭圆形，长1～4cm，宽3～12mm，顶端钝圆或急尖，基部楔形，全缘，无毛；叶具短柄或近无柄，基部具关节；托叶鞘膜质，下部褐色，上部白色，撕裂脉明显。花单生或数花簇生于叶腋；花梗细，顶部具关节；苞片薄膜质；花被片5深裂，绿色，椭圆形，长2～2.5mm；雄蕊8，花丝基部扩展；花柱3，柱头头状。瘦果卵形，具3棱，黑褐色。花果期6—9月。

生于田边路、沟边湿地。

8. 分叉蓼　Polygonum divaricatum L.

多年生草本，高70～120cm，植株外形常呈球形。茎直立，无毛，自基部呈叉状分枝，开展。叶披针形，长5～12cm，宽0.5～2cm，顶端急尖，基部楔形，具短缘毛，两面无毛或被疏柔毛；叶柄长约0.5cm；托叶鞘膜质，偏斜，开裂，脱落。花序圆锥状，分枝开展；花有梗，顶部具关节；苞片卵形，边缘膜质，每苞片内具2～3花；花被片白色，5深裂，不等大；雄蕊7～8，比花被短；花柱3，极短，柱头头状。花期6—7月，果期8—9月。

生于山坡草地、山谷灌丛。

9. 东方蓼　Polygonum orientale L.

一年生草本，高可达1～2m。茎直立，上部多分枝，密被毛。叶宽卵形，长10～20cm，宽5～12cm，基部圆形或近心形，全缘，两面密被短柔毛；叶柄被毛；托叶鞘筒状，膜质，常沿顶端具草质、绿色的翅。总状花序穗状，顶生或腋生，长3～7cm，花紧密，微下垂，通常数个再组成圆锥状；花有梗；苞片宽漏斗状，每苞内具3～5花；花被片淡红色或白色，5深裂；雄蕊7，比花被长；花盘明显；花柱2，中下部合生，比花被长，柱头头状。瘦果近圆形。花果期6—9月。

生于沟边湿地、村边路旁。

10. 西伯利亚蓼　Polygonum sibiricum Laxm.

多年生草本，高10 ~ 25cm。根状茎细长。茎外倾或近直立，自基部分枝。叶长椭圆形或披针形，长5 ~ 13cm，宽0.5 ~ 1.5cm，顶端急尖或钝，基部微戟形，全缘；叶柄长8 ~ 15mm；托叶鞘筒状，膜质，上部偏斜，开裂，易破裂。花序圆锥状，顶生，花排列稀疏，间断；花梗中上部具关节；苞片漏斗状，通常每个苞片内具4 ~ 6花；花被片黄绿色，5深裂；雄蕊7 ~ 8，稍短于花被；花柱3，较短，柱头头状。瘦果卵形，包于宿存的花被内或凸出。花果期6—9月。

生于路边、湖边、河滩、山谷湿地、沙质盐碱地。

11. 皱叶酸模　Rumex crispus L.

多年生草本，高50～120cm。茎直立，具浅沟槽，不分枝或上部分枝。基生叶披针形，长10～25cm，宽2～5cm，顶端急尖，基部楔形，边缘皱波状；茎生叶较小；茎生叶具柄，柄长3～10cm；托叶鞘膜质，易破裂。花序狭圆锥状，成束直立；花淡绿色，两性；花梗细，中下部具关节；花被片6，外花被片小，椭圆形，内花被片果时增大，宽卵形，长4～5mm，顶端稍钝，基部近截形，近全缘，全部具小瘤。瘦果卵形，顶端急尖，具3锐棱，暗褐色，有光泽。花果期6—9月。

生于河滩、沟边湿地。

12. 马齿苋 Portulaca oleracea L.

一年生草本，全株无毛。茎伏地铺散，多分枝，长10～15cm，淡绿色或带暗红色。叶互生，马齿状，长1～3cm，宽0.6～1.5cm，顶端圆钝，基部楔形，扁平，肥厚，全缘；叶柄粗短。花3～5簇生枝端，直径4～5mm；无花梗；叶状苞片2～6，膜质，近轮生；花萼2，对生，盔形，左右压扁，背部具龙骨状凸起，基部合生；花瓣5，稀4，黄色，基部合生；雄蕊8或更多；花柱比雄蕊稍长，柱头4～6裂。蒴果卵球形，盖裂。种子细小。花期7—8月，果期8—10月。

生于菜园、农田、路旁。

13. 毛轴鹅不食 *Arenaria juncea* Bieb.

多年生草本，高30～60cm。茎硬而直立，上部被腺柔毛。叶细线形，长10～25cm，宽约1mm，基部呈鞘状抱茎，1脉。聚伞花序，具数花至多花；苞片卵形；萼片5，离生，边缘宽膜质，具1～3脉；花瓣5，白色，长8～10mm，顶端钝圆，基部具短爪；雄蕊10，花丝线形，与花萼对生基部具腺体，花药黄色；花柱3，长约3mm，柱头头状。蒴果卵圆形，黄色，稍长于宿存花萼或与宿存花萼等长，顶端3瓣裂。花果期6—9月。

生于草原、荒漠化草原、山地疏林边缘、山坡草地、石隙间。

14. 石 竹 Dianthus chinensis L.

多年生草本，高30～50cm，全株无毛。茎直立，疏丛生，上部分枝。叶线状披针形，长3～5cm，宽2～4mm，基部稍狭，全缘或有细小齿。花单生于枝端或数花集成聚伞花序；苞片4，长达花萼1/2以上，边缘膜质，有缘毛；花萼圆筒形，长15～25mm，有纵条纹，萼齿披针形，直伸，有缘毛；花瓣紫红色或粉红色，长16～18mm，顶缘不整齐齿裂，喉部有斑纹，疏被髯毛；雄蕊露出，花药蓝色；花柱线形。蒴果圆筒形，包于宿存萼内，顶端4裂。花果期6—9月。

生于草原和山坡草地。

15. 旱麦瓶草　Silene jenisseensis Willd.

多年生草本，高20 ~ 50cm。茎直立，丛生，无毛。基生叶狭倒披针形，长5 ~ 13cm，宽2 ~ 7mm，基部渐狭成长柄状，中脉明显；茎生叶少数，较小，基部微抱茎。假轮伞状圆锥花序或总状花序；苞片卵形或披针形，基部微合生，边缘膜质；花萼狭钟形，后期微膨大，长8 ~ 10（12）mm，无毛，纵脉绿色，脉端连结，萼齿卵状三角形，边缘膜质，具缘毛；花瓣白色或淡绿色，具爪，无明显耳，叉状2裂达瓣片的中部；副花冠细小；雄蕊和花柱外露。蒴果。花果期6—8月。

生于草原、草坡、林缘或固定沙丘。

16. 尖头叶藜　Chenopodium acuminatum Willd.

一年生草本，高20 ~ 80cm。茎直立，具条棱及绿色或紫红色色条，多分枝。叶宽卵形至卵形，长2 ~ 4cm，宽1 ~ 3cm，先端有一短尖头，上面无粉，浅绿色，下面有灰白色粉，全缘并具半透明的环边；叶柄长1.5 ~ 2.5cm。团伞花序排列成紧密的或有间断的穗状或圆锥状花序；花两性，花被5深裂，边缘膜质，果时背面大多增厚并彼此合成五角星形；雄蕊5。胞果顶基扁，圆形或卵形。种子横生，黑色，有光泽。花期6—8月，果期8—9月。

生于荒地、河岸、田边等处。

17. 刺　藜　Chenopodium aristatum L.

一年生草本，高10～40cm。植株通常呈圆锥形，无粉，秋后常带紫红色。茎直立，圆柱形或有棱，具色条，无毛或稍有毛，有多数分枝。叶条形至狭披针形，长达7cm，宽1cm，先端渐尖，基部渐狭，全缘，中脉黄白色；叶具短柄。复二歧式聚伞花序生于枝端及叶腋，最末端的分枝针刺状；花两性，几无柄；花被裂片5，狭椭圆形，先端钝或骤尖，边缘膜质，果时开展。胞果顶基扁，底面稍凸，圆形。种子横生。花果期8—10月。

生于高粱、玉米、谷子田间，有时也见于山坡、荒地等处。

18. 灰绿藜　Chenopodium glaucum L.

一年生草本，高20～40cm。茎平卧或外倾，具条棱及紫红色色条。叶矩圆状卵形至披针形，长2～4cm，宽6～20mm，肥厚，边缘具缺刻状牙齿，上面无粉，平滑，下面有灰白色粉；叶具短柄。花两性兼有雌性，团伞花序排列成间断而短于叶的穗状或圆锥状花序；花被片浅绿色，裂片3～4，通常无粉，狭矩圆形，长不及1mm；雄蕊1～2，花丝不伸出花被；柱头2，极短。胞果顶端露出于花被外。种子扁球形，横生、斜生及直立。花果期6—10月。

生于农田、菜园、村房、水边等有轻度盐碱的土壤。

19. 兴安虫实　Corispermum chinganicum Iljin

一年生草本，高10 ~ 50cm。茎直立，圆柱形，绿色或紫红色，由基部分枝。叶条形，先端渐尖具小尖头，基部渐狭，1脉。穗状花序顶生和侧生，细圆柱形，稍紧密，长1.5 ~ 4（5）cm；苞片披针形至卵形或卵圆形，1 ~ 3脉，具较宽的膜质边缘；花被片3，近轴花被片1，宽椭圆形，顶端具不规则细齿，远轴花被片2，小，近三角形；雄蕊5。果实矩圆状倒卵形；喙尖为喙长的1/4 ~ 1/3，粗短；果翅明显，浅黄色，不透明，全缘。花果期6—8月。

生于湖边沙丘，半固定沙丘或草原。

20. 地 肤 Kochia scoparia (L.) Schrad.

一年生草本，高50～100cm。茎直立，淡绿色或带紫红色，具条棱，稍被毛或下部几无毛；分枝稀疏，斜上。叶披针形，长2～5cm，宽3～7mm，无毛或稍有毛，先端短渐尖，基部渐狭成短柄，3条主脉明显；茎上部叶小，1脉；茎上部叶无柄。花两性或雌性，通常1～3生于上部叶腋，构成疏穗状圆锥状花序；花被片淡绿色，近三角形；花丝丝状，花药淡黄色；花柱极短，柱头2，丝状，紫褐色。胞果扁球形。种子卵形，黑褐色，稍有光泽。花期6—9月，果期8—10月。

生于田边、路旁、荒地等处。

21. 碱　蓬　Suaeda glauca Bunge

一年生草本，高可达1m。茎直立，粗壮，有条棱，上部多细长分枝，斜伸。叶丝状条形，半圆柱状，长1.5～5cm，宽约1.5mm，灰绿色，光滑无毛。花两性兼有雌性，单生或2～5簇生，大多着生于叶的近基部处；两性花花被黄绿色，杯状，长1～1.5mm，雌花花被灰绿色，近球形，直径约0.7mm，较肥厚，花被裂片卵状三角形，先端钝，果时略呈五角星状；雄蕊5，花药宽卵形至矩圆形；柱头2，黑褐色，稍外弯。胞果包在花被内。种子横生或斜生。花果期7—9月。

生于海滨、荒地、渠岸、田边。

22. 北美苋 **Amaranthus blitoides** S. Watson

一年生草本，高15～50cm，全株无毛。茎大部分伏卧，从基部分枝，绿白色。叶密生，倒卵形、匙形至矩圆状倒披针形，长5～25mm，宽3～10mm，顶端圆钝或急尖，具细凸尖，基部楔形，全缘；叶具柄。花腋生成花簇，比叶柄短，花少数；苞片及小苞片披针形，具尖芒；花被片4，有时5，绿色，长1～2.5mm，顶端具尖芒；柱头3，顶端卷曲。胞果椭圆形，环状横裂，上面带淡红色，近平滑，比最长花被片短。花期8—9月，果期9—10月。

生于田野、路旁杂草地。

23. 反枝苋 Amaranthus retroflexus L.

一年生草本，高20～80cm。茎直立，粗壮，淡绿色，有时具带紫色条纹，稍具钝棱，密被毛。叶卵形，顶端锐尖或尖凹，有小凸尖，基部楔形，被毛；叶柄被毛。圆锥花序顶生及腋生，直立，由多数穗状花序组成；苞片及小苞片白色，钻形，背面有一龙骨状凸起，伸出顶端成白色尖芒；花被片白色，薄膜质，有一淡绿色细中脉，顶端具凸尖；雄蕊比花被片稍长；柱头3，有时2。胞果扁卵形，环状横裂，包裹在宿存花被片内。花期7—8月，果期8—9月。

生于田园内、农地旁、农家附近的草地上，有时生在瓦房上。

24. 棉团铁线莲 Clematis hexapetala Pall.

多年生草本，高30～100cm。茎直立，疏被柔毛，后落。叶近革质，1～2回羽状深裂，裂片线状披针形、长椭圆状披针形至椭圆形或线形，长1.5～10cm，宽0.1～2cm，先端常锐尖或凸尖，全缘，两面或沿脉疏被长柔毛或近无，网脉凸出。总状花序或复聚伞花序顶生，有时花单生；花萼4～8，通常6，白色，长椭圆形或狭倒卵形，长1～2.5cm，宽0.3～1（1.5）cm，密被绵毛，花蕾时棉球状；花瓣不存在；雄蕊多数，花丝细长，无毛。瘦果倒卵形，扁平，密被柔毛；宿存花柱长1.5～3cm，被灰白色长柔毛。花期6—8月，果期7—9月。

生于山坡草地及林缘。

25. 唇花翠雀　Delphinium cheilanthum Fisch. ex DC.

多年生草本，高约140cm。茎无毛，不分枝或在花序之下有枝条1～2。下部叶花期枯萎，叶3深裂至近基部，中央深裂片狭菱形，3裂，侧深裂片不等，2深裂；叶柄无毛。总状花序约有10花；花序轴无毛；花梗仅顶部有短伏毛；花萼蓝紫色，长1.4～1.5cm，外面密被短伏毛，有直距，圆筒状，长约2cm；花瓣蓝色，无毛，顶端圆；退化雄蕊的瓣片蓝色，顶端微裂，腹面有淡黄色髯毛；心皮3。蓇葖果长1.3～1.4cm。花期7—8月，果期8—9月。

生于林间草地。

26. 蓝堇草 Leptopyrum fumarioides (L.) Rchb.

一年生草本，高5～35cm。直根细长，生少数侧根。茎多少斜生，无毛。基生叶多数，无毛，叶长0.8～2.7cm，宽1～3cm，1～2回，3出复叶，小叶再细裂；茎生叶1～2，小；基生叶具柄，柄长2.5～13cm。花小，辐射对称；花梗纤细，长3～30mm；花萼5，淡黄色，花瓣状，具3脉；花瓣短于花萼，近二唇形；雄蕊通常10～15，花药淡黄色；心皮6～20，无毛。蓇葖果直立，线状长椭圆形。种子4～14。花期6月，果期6—7月。

生于田边、路边或干燥草地。

27. 白头翁　Pulsatilla chinensis (Bunge) Regel

多年生草本，高15～35cm。根状茎粗壮。基生叶4～5，常在花时生出，叶宽卵形，长4.5～14cm，宽6.5～16cm，3全裂，中全裂片3深裂，侧深裂片不等2浅裂，侧全裂片不等3深裂；叶具柄，柄长7～15cm，密被长柔毛。花葶1，被柔毛；苞片3，基部合生成筒，3深裂，背面密被长柔毛；花直立；花萼蓝紫色，长2.8～4.4cm，宽0.9～2cm，背面密被柔毛；雄蕊长约为花萼的1/2。聚合果直径9～12cm；瘦果扁纺锤形，长3.5～4mm，被长柔毛；花柱宿存。花期4—5月。

生于平原和低山山坡草丛中、林边或干旱多石的坡地。

28. 圆叶碱毛茛　Ranunculus cymbalaria Pursh

多年生草本，高5～15cm。匍匐茎细长，横走。叶多数，纸质，多近圆形，长0.5～2.5cm，宽稍大于长，基部圆心形、截形或宽楔形，边缘常有圆齿3～7，有时3～5裂，无毛；叶柄稍有毛。花葶1～4，无毛；苞片线形；花小，直径6～8mm；花萼绿色，无毛，反折；花瓣5，与花萼近等长，顶端圆形，基部有长约1mm的爪，爪上端有点状蜜槽。聚合果椭圆球形；瘦果小而极多，斜倒卵形，两面稍鼓起，有3～5条纵肋，无毛。花果期5—8月。

生于盐碱性沼泽地或湖边。

29. 展枝唐松草 **Thalictrum squarrosum** Steph. ex Willd.

多年生草本，高达1m。根状茎细长，自节生出长须根。茎有细纵槽，通常自中部近二歧状分枝，无毛。基生叶早枯；茎下部及中部叶长8～18cm，2～3回羽状复叶，小叶薄革质，顶端急尖，基部楔形至圆形，通常3浅裂，背面有白粉；茎下部及中部叶具短柄。花序圆锥状，近二歧状分枝；花梗细，长1.5～3cm；花萼4，淡黄绿色，狭卵形，脱落；雄蕊5～14，花丝不加粗，比花药细，花药有短尖头；心皮1～5。瘦果狭倒卵球形或近纺锤形，稍斜，有8条粗纵肋。花期7—8月，果期8—9月。

生于平原草地、田边或干燥草坡。

30. 肾叶唐松草 Thalictrum petaloideum L.

多年生草本，高20～80cm，全株无毛。茎上部分枝。基生叶数个，3～4回3出或羽状复叶，叶长5～15cm，草质，小叶形状变异很大，顶生小叶倒卵形、宽倒卵形、菱形或近圆形，先端钝，基部圆楔形或楔形，3浅裂至3深裂，裂片全缘；叶柄长达10cm，基部有鞘，小叶柄长5～7mm。花序伞房状，有少数或多数花；花萼4，白色，早落；雄蕊多数，长5～12mm，花药狭长圆形，花丝上部逐渐加粗，比花药宽；心皮4～13，花柱短。瘦果卵形，有8条纵肋；宿存花柱长约1mm。花期6—7月，果期8月。

生于山坡草地。

31. 白屈菜　Chelidonium majus L.

多年生草本，高30～100cm，具黄色乳汁。茎多分枝，常被短柔毛，后落。基生叶少，早枯，长8～20cm，羽状全裂，裂片2～4对，倒卵状长圆形，具不规则的深裂或浅裂，表面绿色，无毛，背面具白粉，疏被短柔毛；茎生叶略小；基生叶具柄，柄长2～5cm，基部扩大成鞘。伞形花序多花；花梗纤细，长2～8cm，初被长柔毛；苞片小；花萼卵圆形，舟状；花瓣4，黄色，倒卵形，长约1cm，全缘；花丝丝状，黄色；柱头2裂。蒴果狭圆柱形，具柄。花期6—7月，果期8月。

生于山坡、山谷林缘草地或路旁、石缝。

32. 角茴香　Hypecoum erectum L.

一年生草本，高15～30cm。花茎多，二歧状分枝。基生叶多数，长3～8cm，多回羽状细裂，裂片线形；茎生叶较小；基生叶具柄，柄细，基部扩大成鞘。二歧聚伞花序多花；苞片钻形；花萼卵形，先端渐尖，全缘；花瓣4，淡黄色，长1～1.2cm，外层2，倒卵形或近楔形，先端宽，3浅裂，内层2，倒三角形，3裂至中部以上；雄蕊4，分离，与花瓣对生；柱头2深裂。蒴果长圆柱形，直立，先端渐尖，两侧稍压扁。种子多数。花果期5—7月。

生于山坡草地或河边沙地。

33. 荠　菜　Capsella bursa-pastoris (L.) Medic.

一年或二年生草本，高7～50cm。茎直立，单一或从下部分枝，无毛、被单毛或分叉毛。基生叶莲座状，大头羽状分裂，长可达12cm，宽可达2.5cm，侧裂片3～8对；茎生叶较小，基部箭形，抱茎，边缘有缺刻或锯齿；基生叶具柄。总状花序顶生及腋生；花梗长3～8mm；花萼长圆形；花瓣白色，卵形，长2～3mm，有短爪。短角果倒三角形或微心形，长5～8mm，宽4～7mm，扁平，无毛，顶端微凹。种子2行，浅褐色。花果期6—8月。

生于山坡、田边及路旁。

34. 小花花旗竿 Dontostemon micranthus C. A. Mey.

一年或二年生草本，高15～45cm。茎单一或分枝，基生叶莲座状，少数，被毛；茎生叶密集，线形，长1.5～4cm，宽2～5mm，全缘，边缘具糙毛。总状花序顶生；花萼线状披针形，具白色膜质边缘，背面稍具糙毛；花小，淡紫色或白色，线状长椭圆形，长3.5～5mm，为花萼长度的1.5倍；长雄蕊约3.5mm，成对合生，短雄蕊约3mm；花柱极短，柱头稍增大。长角果细长，圆柱形，长2～3.5cm，光滑无毛。种子褐色，细小，无膜质边缘。花果期6—8月。

生于山坡草地、河滩、固定沙丘及山沟。

35. 光果葶苈　**Draba nemorosa** L. var. **leiocarpa** Lind.

一年或二年生草本，高5 ~ 45cm。茎直立，单一或分枝，茎下部密被毛。基生叶莲座状，长倒卵形，边缘有疏细齿或近全缘；茎生叶长卵形，边缘有细齿，被毛。总状花序密集成伞房状；小花梗细，长5 ~ 10mm；花萼椭圆形，背面略有毛；花瓣黄色，倒楔形；花药短心形；雌蕊椭圆形，密被短单毛，花柱几乎不发育，柱头小。短角果长圆形，长4 ~ 10mm，宽1.1 ~ 2.5mm，无毛；果梗长8 ~ 25mm，与果序轴成直角开展。花果期6—8月。

生于山坡草丛。

36. 独行菜 Lepidium apetalum Willd.

一年或二年生草本，高5～30cm。茎直立，有分枝，无毛或具微小头状毛。基生叶窄匙形，1回羽状浅裂或深裂，长3～5cm，宽1～1.5cm；茎上部叶线形，有疏齿或全缘；基生叶具柄，柄长1～2cm。花序总状；花萼早落，外面有柔毛；花瓣不存或退化成丝状，比花萼短；雄蕊2或4。短角果近圆形或宽椭圆形，扁平，长2～3mm，宽约2mm，顶端微缺，上部有短翅；果梗弧形，长约3mm。种子椭圆形，棕红色。花果期5—7月。

生于山坡、山沟、路旁及村庄附近。

37. 鹅绒委陵菜　Potentilla anserina L.

多年生草本。根向下延长，有时形成块根。茎匍匐，在节处生根长成新苗，外被毛或无。基生叶为间断羽状复叶，小叶6～11对，长1～2.5cm，宽0.5～1cm，对生或互生，顶端一对小叶基部下延汇于叶轴，基部小叶渐小，边缘有多数尖锐锯齿，上面绿色，下面密被银白色绢毛，茎生叶与基生叶相似；基生叶具柄。单花腋生，花径长1.5～2cm；花梗长2.5～8cm，被疏柔毛；花萼与副萼近等长或稍短；花瓣黄色，比花萼长1倍；花柱侧生，小枝状，柱头稍扩大。花果期5—9月。

生于河岸、路边、山坡草地及草甸。

38. 光叉叶委陵菜　Potentilla bifurca L. var. glabrata Lehm.

多年生草本，高5～30cm，相对高大。根状茎木质，纤细，多分枝。花茎直立或上升，下部疏生柔毛或脱落几无毛。羽状复叶，连叶柄长3～8cm，小叶5～8对，带形，对生，长0.5～1.5cm，宽0.4～0.8cm，顶端常2裂，稀3裂，两面绿色，被伏毛；叶柄被柔毛或脱落几无毛。近伞房状聚伞花序，顶生，疏散，花直径1.2～1.5cm；花萼比副萼长或近等长；花瓣黄色，比花萼稍长；花柱侧生，棒形，基部较细，顶端缢缩，柱头扩大。瘦果光滑。花果期5—8月。

生于地边、道旁、沙地、山坡草地、黄土坡上、半干旱荒漠草原及疏林下。

39. 小叉叶委陵菜 **Potentilla bifurca** L. var. **humilior** Rupr.

多年生草本，矮小铺散，高7cm之下。根状茎木质，纤细，多分枝。花茎直立或上升，密被毛。羽状复叶，小叶3～5对，对生，长0.5～1.5cm，宽0.4～0.8cm，大多全缘，偶有顶端2裂者，两面绿色，伏生毛；叶柄密被毛。近伞房状聚伞花序，顶生，疏散，花直径0.7～1cm；花萼比副萼长或近等长；花瓣黄色，比花萼稍长；花柱侧生，棒形，基部较细，顶端缢缩，柱头扩大。瘦果光滑。花果期5—10月。

生于地边、道旁、沙地、山坡草地、黄土坡上、半干旱荒漠草原及疏林下。

40. 委陵菜 Potentilla chinensis Ser.

多年生草本，高20～70cm。花茎直立或上升，被毛。基生叶为羽状复叶，小叶8～11对，对生或互生，上部小叶较长，向下渐小，长1～5cm，宽0.5～1.5cm，边缘羽状中裂，裂片三角形，边缘向下反卷，上面绿色，下面被白色绒毛；茎生叶小叶对数较少；基生叶具柄，柄被毛。伞房状聚伞花序，花直径0.8～1cm；花梗长0.5～1.5cm，密被毛；花萼比副萼长约1倍；花瓣黄色，比花萼稍长；花柱近顶生，基部微扩大，柱头扩大。瘦果有明显皱纹。花果期7—9月。

生于山坡草地、沟谷、林缘、灌丛或疏林下。

41. 翻白委陵菜　Potentilla discolor Bunge.

多年生草本，高10～45cm。花茎直立，上升或微铺散，密被毛。奇数羽状复叶，小叶2～4对，对生或互生，长圆形，长1～5cm，宽0.5～0.8cm，顶端圆钝，边缘具圆钝锯齿，上面暗绿色，下面密被灰白色绒毛，茎生叶1～2，掌状小叶3～5；基生叶具柄，柄密被毛。聚伞花序有花数朵至多朵，疏散，花直径1～2cm；花梗长1～2.5cm，外被毛；花萼比副萼长；花瓣黄色，比花萼长；花柱近顶生，基部具乳头状膨大，柱头稍微扩大。瘦果光滑。花果期5—9月。

生于生荒地、山谷、沟边、山坡草地、草甸及疏林下。

42. 莓叶委陵菜　Potentilla fragarioides L.

多年生草本，高8～25cm。根极多，簇生。花茎多数，丛生，上升或铺散，被毛。基生叶羽状复叶，小叶2～3对，长0.5～7cm，宽0.4～3cm，边缘有多数急尖或圆钝锯齿，近基部全缘，两面绿色，被毛，顶生3小叶明显大；茎生叶常3小叶；基生叶具柄，柄被毛。伞房状聚伞花序顶生，多花，松散，花直径1～1.7cm；花梗纤细，长1.5～2cm，外被毛；花萼与副萼近等长或稍长；花瓣黄色，与花萼近等长；花柱近顶生，上部大，基部小。瘦果表面有脉纹。花期5—6月，果期6—7月。

生于地边、沟边、草地、灌丛及疏林下。

43. 白叶委陵菜　Potentilla leucophylla Pall.

多年生草本，高8～16cm。花茎直立或上升，初被白绒毛，后落。基生叶掌状3出复叶，长5～12cm，小叶革质，长1～5cm，宽0.5～1.5cm，边缘有多数圆钝或急尖粗大锯齿，上面绿色，初被白绒毛，后脱落，下面密被白色绒毛，茎生叶不发达；基生叶具柄，柄初被白绒毛，后脱落。聚伞花序圆锥状，多花，疏散，花径长1cm；花梗长1～1.5cm，外被毛；花萼比副萼长或近等长；花瓣黄色；花柱近顶生，基部膨大，柱头略为扩大。瘦果有脉纹。花期5—6月，果期6—8月。

生于山坡草地及岩石缝间。

44. 伏委陵菜　Potentilla paradoxa L.

一年生或二年生草本，高20～50cm。茎平展或斜生，叉状分枝。基生叶羽状复叶，小叶2～5对，互生或对生，长1～2.5cm，宽0.5～1.5cm，边缘有圆钝或缺刻状锯齿，两面绿色，顶端1～2对小叶基部下延与叶轴合生；茎生叶与基生叶相似。花单生于叶腋，花直径0.6～0.8cm；花梗密被毛；花萼比副萼稍短或近等长；花瓣黄色，与花萼近等长或较短；花柱近顶生，基部乳头状膨大，花柱扩大。瘦果表面具脉纹。花果期5—9月。

生于田边、荒地、河岸沙地、草甸、山坡湿地。

45. 蒿叶委陵菜 **Potentilla tanacetifolia** Willd. ex Schlecht.

多年生草本，高15～65cm。花茎直立或上升，被毛。基生叶为羽状复叶，小叶5～8对，互生或对生，长圆形，长1～5cm，宽0.5～1.5cm，顶端圆钝，基部楔形，边缘有缺刻状锯齿，两面均为绿色，被短柔毛，顶端的1～3对小叶基部下延与叶轴合生；茎生叶小叶对数较少；基生叶具柄，柄被毛。伞房状聚伞花序，多花，花直径1～1.5cm；花梗长0.5～2cm，被毛；花萼比副萼长或近等长；花瓣黄色，比花萼长约1倍；花柱近顶生，圆锥形，柱头稍扩大。瘦果具脉纹。花果期7—10月。

生于山坡草地、低洼地、沙地、草原、丛林边及黄土高原。

46. 轮叶委陵菜 Potentilla verticillaris Steph ex Willd.

多年生草本，高5～16cm。花茎丛生，直立，被毛。基生叶3～5，小叶深裂形成假轮生状，裂片线形，长0.5～3cm，宽0.1～0.3cm，顶端急尖或圆钝，叶边缘反卷，上面绿色，下面被白色绒毛；茎生叶1～2，掌状3～5全裂，裂片带形。聚伞花序疏散，少花，花直径0.8～1.5cm；花梗长1～1.5cm，外被白绒毛；花萼比副萼长或近等长；花瓣黄色，比花萼稍长或几达1倍；花柱近顶生，基部膨大，柱头扩大。瘦果光滑。花果期5—9月。

生于旱山坡、河滩沙地、草原及灌丛下。

47. 直穗粉花地榆　Sanguisorba grandiflora (Maxim.) Makino

多年生草本，高达120cm。茎直立，上部分枝。基生叶常有托叶状小片、小叶片披针形或长圆状披针形，先端尖，基部楔形、歪楔形或微心形，边缘有粗锯齿，两面均为绿色，无毛；茎生叶有托叶，披针形或线形，长3～3.5cm，宽4～10mm，先端渐尖，基部歪楔形，边缘有锯齿；基生叶具长柄，小叶具短柄。穗状花序圆柱状，长3～5cm，径6～8mm，直立，先从顶端开花；花两性；花萼淡紫红色、粉红色或紫红色，有时稍带白色，卵圆形或椭圆形。瘦果近球形或倒卵形。花期7—8月，果期8—9月。

生于草甸，水甸附近及山坡草地。

48. 地 榆 Sanguisorba officinalis L.

多年生草本，高30～120cm。根粗壮，多呈纺锤形。茎直立，有棱，常无毛。基生叶为羽状复叶，小叶4～6对，基部心形至浅心形，边缘有多数粗大圆钝锯齿，两面绿色，无毛；茎生叶较少；基生叶具柄，无毛，小叶具短柄。穗状花序圆柱形或卵球形，紫红色，直立，通常长1～3cm，横径0.5～1cm；花序梗常光滑；苞片膜质，比花萼短或近等长；花萼4，紫红色，背面被疏柔毛；雄蕊4，花丝与花萼近等长或稍短；柱头顶端扩大，盘形。瘦果倒卵状长圆形。花果期8—9月。

生于草原、草甸、山坡草地、灌丛中、疏林下。

49. 小白花地榆　Sanguisorba parviflora (Maxim.) Takeda

多年生草本，高可达150cm。根茎粗壮，分出较多细长根。茎具棱，光滑。基生叶为羽状复叶，小叶7～9对，基部圆形、微心形至斜阔楔形，边缘有多数缺刻状急尖锯齿，两面绿色，无毛，茎生叶略小；基生叶具柄，无毛，小叶具柄。穗状花序长圆柱形，常下垂，白色，长2～7cm，横径0.5～0.8cm；花序梗几无毛；苞片披针形，比花萼短；花萼白色，长椭圆形，无毛；雄蕊4，花丝比花萼长1～2倍；柱头扩大呈盘状。果有4棱，无毛。花果期7—9月。

生于山坡草地及林缘。

50. 垂穗粉花地榆 **Sanguisorba tenuifolia** Fisch. ex Link.

多年生草本，可高达150cm。根茎粗壮，分出较多细长根。茎有棱，光滑。基生叶为羽状复叶，小叶7 ~ 9对，基部圆形、微心形至斜阔楔形，边缘有多数缺刻状急尖锯齿，两面绿色，无毛，茎生叶略小；基生叶具柄，柄无毛，小叶具柄。穗状花序长圆柱形，常下垂，粉红色，长2 ~ 7cm，横径0.5 ~ 0.8cm；花序梗几无毛；苞片披针形，比花萼短；花萼粉红色，长椭圆形，无毛；雄蕊4，花丝比花萼长0.5 ~ 1倍；柱头扩大呈盘状。果有4棱，无毛。花果期8—9月。

生于山坡草地、草甸及林缘。

51. 紫穗槐 Amorpha fruticosa L.

落叶灌木，高1～4m。小枝灰褐色，被疏毛，后变无毛，嫩枝密被短柔毛。叶互生，奇数羽状复叶，小叶11～25，卵状长圆形或长圆形。总状花序，花密集；花梗短；花萼钟状，5齿裂，萼齿三角形，边缘有白色柔毛；花冠蓝紫色或暗紫色，旗瓣倒心形，长约6mm，包住雌雄蕊，无翼瓣及龙骨瓣。荚果长圆形，弯曲，栗褐色，先端有小尖，表面有多数凸起的瘤状腺点。花期5—6月，果期7—9月。

52. 草木犀黄耆 Astragalus melilotoides Pall.

多年生草本，由基部丛生多数细长的茎。茎直立或稍斜上，多分枝。奇数羽状复叶，小叶3～5，长圆状楔形或线状长圆形，先端钝或微凹，全缘，两面散被白色短毛；小叶基部具极短的柄。总状花序腋生，明显比叶长；花多数，白色或带粉红色，小，长约5mm，稍疏生。荚果广倒卵球形或椭圆形，顶端微凹，具短喙。花期7—8月，果期8—9月。

生于向阳干山坡或路旁草地。

53. 斜茎黄耆　Astragalus adsurgens Pall.

多年生草本，高20～50cm。茎圆形，中空，一年生植株主茎明显，有数个到十几个分枝，间有二级分枝出现；二年生以上植株主茎不明显，茎数个至多数丛生，上升或斜上。奇数羽状复叶，小叶4～11对。总状花序于茎上部腋生，花序长圆状，少为近头状；花多数，蓝紫色、近蓝色或红紫色；苞片狭披针形或三角形，渐尖；萼筒状钟形，被黑褐色或白色毛。荚果长圆状，具三棱，顶端具下弯的短喙。花期6—8月，果期8—10月。

生于向阳草地、山坡、灌丛、林缘及草原轻碱地上。

54. 刺果甘草　Glycyrrhiza pallidiflora Maxim.

多年生草本，高1～1.5m。茎直立，基部木质化，多分枝，具条棱，密被黄褐色鳞片状腺点。奇数羽状复叶，小叶9～15。花序腋生，花多数，密集成长圆形的总状花序；花萼钟形，5齿裂，其中2萼齿较短；花冠淡紫堇色，旗瓣长圆状卵形或近椭圆形，翼瓣稍成半月形弯曲，具耳和爪，龙骨瓣短，直，近椭圆形，亦具耳及爪。荚果黄褐色，卵形或椭圆形，密被细长刺，果实密集成椭圆形或长圆形的果序。花期7—8月，果期8—9月。

生于湿草地、荒地及河谷坡地。

55. 鸡眼草 **Kummerowia striata** (Thunb.) Schindl.

一年生草本，高10～45cm。茎直立，分枝甚多，茎及枝上有逆生的细毛。掌状复叶，小叶3，先端圆形，稀微缺，全缘。花1～5，腋生；花萼带紫色，钟状，5裂，萼齿广卵形，具网状脉，边缘及表面有白毛；花冠淡红紫色，旗瓣椭圆形，下部渐狭成爪，瓣片基部成耳状，龙骨瓣比旗瓣稍长或近等长，翼瓣比龙骨瓣稍短。荚果稍侧扁，近圆形或椭圆形，顶端锐尖，比萼稍长或长达1倍，表面有网纹，被细毛。花期7—8月，果期8—10月。

生于山坡、路旁、田边及山脚下草地。

56. 山黧豆　**Lathyrus palustris** L. var. **pilosus** (Cham.) Ledeb.

多年生草本，高30～100cm。茎攀援，常成之字形弯曲，具翅，有分枝，被短柔毛。小叶2～4对，线形或线状披针形，上面绿色，下面淡绿色，两面被柔毛；托叶半箭形；叶轴先端具有分歧的卷须。总状花序腋生，花紫蓝色或紫色，具 2～5花；花梗比萼短或近等长；花萼钟状，萼齿不等大；花冠紫色，旗瓣倒卵形，先端微凹，翼瓣较旗瓣短，倒卵形，具耳，龙骨瓣略短于翼瓣，半圆形，先端尖。荚果线形，先端具喙。花期6—7月，果期8—9月。

生于山坡、林缘、路旁、草甸等处。

57. 兴安胡枝子　Lespedeza davurica (Laxm.) Schindl.

草本状半灌木，高20～60cm。茎单一或数个簇生，通常稍斜生。羽状3出复叶，小叶披针状长圆形，长1.5～3cm，宽5～10mm，先端钝圆，有短刺尖，基部圆形，全缘，有平伏柔毛。总状花序腋生，较叶短或与叶等长；萼筒杯状，萼齿刺具曲状；花冠蝶形，黄白色至黄色。荚果小，包于宿存萼内，倒卵形或长倒卵形，两面凸出，被白色柔毛。花期7—8月，果期9—10月。

生于森林草原和草原地带的干山坡，丘陵坡地、沙质地。

58. 尖叶胡枝子 Lespedeza juncea (L. f.) Pers.

小灌木，高可达1m，全株被伏毛。羽状复叶，小叶3，表面近无毛，背面密被伏毛，边缘稍内卷。总状花序腋生，3～7花排列成近伞形花序；具长梗，稍超出叶；苞及小苞卵状披针形或狭披针形；花萼狭钟形，5深裂，裂片披针形；花冠白色或淡黄色，旗瓣基部带紫斑，龙骨瓣先端带紫色，旗瓣与龙骨瓣、翼瓣近等长，有时旗瓣较短；闭锁花簇生于叶腋，近无梗。荚果广卵形，两面被白色伏毛，稍超出萼。花期7—8月，果期9—10月。

生于山坡灌丛间。

59. 天蓝苜蓿 Medicago lupulina L.

一或二年生草本。茎细弱，通常多分枝。羽状复叶，小叶3，广倒卵形。总状花序腋生，超出叶；花很小，密生于总花梗上端；花梗比萼短，密被毛，花萼钟状，密被毛，与花冠等长或短于花冠，萼齿5，线状披针形或线状锥形，比萼筒长；花冠黄色，长1.7～2mm。荚果肾形，成熟时近黑色，表面具纵纹，有毛。花期7—9月，果期8—10月。

生于湿草地、路旁、田边。

60. 苜　蓿　Medicago sativa L.

多年生草本，高30～100cm。茎直立或有时斜卧，多分枝。羽状复叶，小叶3。短总状花序腋生；花梗较短；苞小，线状锥形；花萼筒状钟形，有毛，萼齿锥形或狭三角形，锐尖，比萼筒长；花冠蓝紫色或紫色，稀苍白色，长7～12mm，旗瓣长倒卵状，比翼瓣及龙骨瓣长，翼瓣及龙骨瓣具爪，瓣片顶端圆形，翼瓣具较长的耳部。荚果成螺旋状卷曲，表面有毛。花期5—7月，果期6—8月。

多生于路旁、田边、草地。

61. 白花草木犀　**Melilotus albus** Desr.

一或二年生草本，高70～200cm。茎直立，高大，圆柱形，中空，多分枝，几无毛。羽状3出复叶，小叶长圆形或倒披针状长圆形，长15～30cm，先端钝圆，基部楔形，边缘疏生浅锯齿，上面无毛，下面被细柔毛；托叶尖刺状锥形；总状花序长，腋生；苞片线形；花梗短；花萼钟形，微被柔毛，萼齿三角状披针形，短于萼筒；花冠白色，旗瓣椭圆形，稍长于翼瓣。荚果椭圆形至长圆形，先端锐尖，具尖喙，表面脉纹细，网状，棕褐色，老熟后变黑褐色。花期5—7月，果期7—9月。

生于湿润和半干燥气候地区，耐瘠薄，不适用于酸性土壤。

62. 草木犀 **Melilotus suaveolens** Ledeb.

多年生草本，高50～120cm，最高可达2m以上。基部丛生多数细长的茎，茎直立或稍斜上，多分枝。奇数羽状3出复叶，小叶3～5，长圆状楔形或线状长圆形，先端钝或微凹，全缘，两面散被白色短毛；小叶基部具极短的柄。总状花序腋生，明显比叶长；花白色或带粉红色，小，长约5mm，多数，稍疏生。荚果广倒卵球形或椭圆形，顶端微凹，具短喙。花期7—8月，果期8—9月。

生于向阳干山坡或路旁草地。

63. 扁蓿豆　Melissitus ruthenica (L.) C. W. Chang

多年生草本，高60 ~ 110cm。茎直立或上升，多分枝，常数茎丛生。3出复叶互生，小叶长圆状倒披针形，叶缘中上部有锯齿。总状花序腋生，具3 ~ 12花；花萼钟状，被伏毛，萼齿披针形，比萼筒短；花冠黄色，带紫色，旗瓣长圆状倒卵形，中部稍收缩，顶端微缺，翼瓣近长圆形，顶端圆而稍宽，基部具长爪和耳，龙骨瓣较短。荚果扁平，长圆形或椭圆形，顶部具弯曲的短而尖的喙，两面有网状脉纹。花期7—8月，果期8—10月。

多生于沙质地、丘陵坡地、河岸沙地、甚至路旁等处。

64. 大花棘豆　Oxytropis grandiflora (Pall.) DC.

多年生草本。高20～40cm。茎缩短，丛生，被贴伏白色柔毛。羽状复叶，小叶15～25，两面被白色绢状柔毛。多花组成穗形或头形总状花序；花冠红紫色或蓝紫色，旗瓣长23mm，瓣片宽卵形，先端圆，瓣柄长，翼瓣比旗瓣短，比龙骨瓣长，瓣片斜倒三角状，顶部微凹，耳稍弯，龙骨瓣长17mm，瓣片前部具蓝紫色斑块，喙长2～3mm。荚果革质，先端渐狭成细长的喙，腹缝线深凹，被贴伏白色柔毛，并混生黑色柔毛。花期6—7月，果期7—8月。

生于山坡、丘顶、山地草原、石质山坡、草甸草原和山地林缘草甸。

65. 多叶棘豆 Oxytropis myriophylla (Pall.) DC.

多年生草本，高20～30cm，全株被白色或黄色长柔毛。主根深长而粗壮，无地上茎或茎极短缩。茎缩短，丛生。羽状复叶轮生，小叶25～32轮，每轮4～8，有时对生，线形、长圆形或披针形，两面密被长柔毛。多花组成紧密或较疏松的总状花序；花萼筒状，被长柔毛，萼齿披针形，两面被长柔毛；花冠淡红紫色。荚果披针状椭圆形，膨胀，密被长柔毛。花期5—6月，果期7—8月。

生于沙地、平坦草原、干河沟、丘陵地、轻度盐渍化沙地、石质山坡或低山坡。

66. 砂珍棘豆 Oxytropis psamocharis Hance

多年生草本，高5～15cm，全株被长柔毛。茎短缩或几乎无地上茎。叶为具轮生小叶的复叶，每叶有6～12轮，每轮具小叶4～6，均密被长柔毛。总状花序较密集，生于总花梗上端；花红紫色或淡紫红色，长8～10mm，旗瓣倒卵形，顶端圆或微凹，基部渐成短爪，翼瓣倒卵伏长圆形，比旗瓣稍短，龙骨瓣连喙比翼瓣稍短或近等长，顶端具短喙。荚果卵状近球形，膨胀，先端具短喙，表面密被短柔毛。花期6—7月，果期7—10月。

生于海拔600～1900m的沙滩、沙荒地、沙丘、沙质坡地及丘陵地区阳坡。

67. 苦　参　Sophora flavescens Ait.

多年生草本，高50～100cm。主根粗壮。茎直立，圆柱形。奇数羽状复叶，小叶11～19，卵状长圆形至近广披针形。总状花序顶生并于顶部腋生，比叶长；花萼斜钟状5浅裂，萼齿短三角状，表面被疏柔毛；花瓣淡黄色或黄白色，长约15mm；雄蕊10，离生，仅基部连合；子房线状长圆形，被毛，花柱稍纤细，柱头头状。荚果圆筒状。种子间缢缩，呈不明显的念珠状。花期6—8月，果期8—9月。

生于沙地或向阳山坡草丛中及溪沟边。

68. 野火球　Trifolium lupinaster L.

多年生草本，高30～60cm。茎直立，略成四棱形。掌状复叶，通常5小叶，稀3～7小叶。花多数，密集于总花梗顶端呈头状，淡红色到红紫色；花萼钟状，萼齿长于萼筒，锥形；旗瓣椭圆形，顶端钝或圆，基部稍窄，翼瓣长圆形，基部具稍内弯的耳及长爪，顶部稍宽而略圆，龙骨瓣短于翼瓣，具短耳和细长爪，顶端常有一小凸起；子房线状长圆形，内侧边缘常被毛。荚果小，线状长圆形。花果期6—10月。

喜生于山地灌丛中。

69. 牻牛儿苗 Erodium stephanianum Willd.

一或二年生草本，高15～50cm。直根，较粗壮，少分枝。茎平铺地面或斜生，多分枝。叶对生，卵形或椭圆状三角形，2回羽状深裂。伞形花序腋生，通常有2～5花；花萼近椭圆形，具多数脉及长硬毛，顶端钝，芒长2～3mm；花瓣淡紫蓝色，倒卵形，基部具长白毛，顶端钝圆；花丝较短；子房被银色长硬毛。蒴果顶端有长喙，具密而极短的伏毛。花期6—8月，果期8—9月。

生于山坡或河岸沙地，也见荒地。

70. 白　刺　**Nitraria sibirica** Pall.

矮灌木，高0.5～1m。茎多分枝，弯曲或直立；树皮淡黄灰色，剥裂；小枝灰白色，先端刺状，嫩时具白绢毛。叶倒卵状长圆形，先端圆钝，基部狭楔形，具小凸尖，全缘；叶无柄。花黄绿色，小，排成顶生聚伞花序；花萼5，三角形，覆瓦状排列；花瓣5，长圆形，内弯；雄蕊15，与花瓣等长或稍长；子房卵状锥形，3室，柱头3，短。核果浆果状，椭圆形或卵状锥形，熟时深紫红色。花期5—6月，果期7—8月。

生于盐渍低洼地、海边沙地、荒漠地。

71. 蒺　藜　Tribulus terrestris L.

一年生草本，全株密被白色丝状毛。茎由基部分枝，平卧。偶数羽状复叶互生或对生，小叶3～8对。花单生于叶腋；花萼5，卵状披针形，膜质状，宿存；花瓣5，黄色，倒卵状，先端凹或浅裂；雄蕊10，生于花盘基部；子房卵形，密被长硬毛，花柱短，柱头5裂。果扁球形，果瓣5，分离，每果瓣具长短棘刺各1对，背面有短硬毛及瘤状凸起。花期6—8月，果期7—9月。

生于石砾质地、沙质地、路旁、河岸、荒地、田边及田间。

72. 野亚麻　Linum stelleroides Planch

一年生草本。高20～90cm。茎直立，圆柱形，基部稍木质，上部多分枝。叶互生，密集，线形或线状披针形。聚伞花序，分枝多；小花梗细长；花淡紫色或紫蓝色，径约1cm；花萼5，绿色卵状椭圆形，先端尖，边缘有黑色腺点；花瓣5，广倒卵形；雄蕊5，与花柱近等长。蒴果近球形，直径3～5mm，有纵沟5，室间开裂。种子长圆形，长2～2.5mm。花期8月，果期8—9月。

生于干燥的山坡、向阳草地、荒地、灌丛。

73. 乳浆大戟 Euphorbia esula L.

多年生直立草本，高20～45cm。茎单生或丛生，单生时自基部多分枝；不育枝常发自基部，较矮，有时发自叶腋。叶互生，线状披针形。总状花序顶生；苞叶5～10，轮生于茎顶端伞梗的基部，比茎上部的叶短；伞梗5～10，各伞梗顶端再1～4次分生出2小伞梗；苞片及小苞片对生，黄绿色，心状肾形或肾形；总苞杯状，缘部4裂；子房卵圆形，具3纵槽，花柱3。蒴果卵状球形，具3分瓣，表面稍具皱纹，无瘤状凸起。花果期5—7月。

生于干燥沙质地、海边沙地、草原、干山坡及山沟。

74. 狼毒大戟　Euphorbia fischeriana Steud.

多年生草本。高达40cm，有白色乳液。根肥厚肉质，圆柱形，外皮土褐色，含黄色汁液。茎单一，粗壮直立。茎基部叶呈鳞片状；中上部叶常3～5轮生，披针形或卵状披针形；叶无柄。总花序顶生，现茎顶排成复伞状；苞叶4～5，轮生，卵状长圆形，上面抽出5～6伞梗，先端各具3长卵形苞片，上面再抽出2～3小伞梗，先端具2三角状卵形小苞片及1～3杯状聚伞花序；杯状总苞广钟状，檐部5裂。蒴果扁球形，具3分瓣，熟时3瓣裂。花期5—6月，果期6—7月。

生于干燥丘陵坡地、多石砾干山坡及阳坡稀疏林下。

75. 地　锦　Euphorbia humifusa Willd.

一年生草本。茎匍匐，自基部以上多分枝，基部常红色或淡红色，被柔毛或疏柔毛。叶对生，矩圆形或椭圆形，先端钝圆，基部偏斜，略渐狭，边缘常于中部以上具细锯齿，表面绿色，背面淡绿色，有时淡红色，两面被疏柔毛。花序单生于叶腋，基部具1～3mm的短柄；总苞陀螺状，边缘4裂；腺体4，矩圆形，边缘具白色或淡红色附属物。蒴果三棱状卵球形；花柱宿存。花果期5—10月。

生于原野荒地、路旁、田间、山坡等地。

76. 远　志　Polygala tenuifolia Willd.

多年生草本。高20～40cm。茎多数，较细，直立或斜上，丛生，上部多分枝。叶互生，线形至线状披针形，全缘；叶近无柄。总状花序细弱，顶生，常偏向一侧；花淡蓝色至蓝紫色，较稀疏；花萼5，宿存，外花萼3，线状披针形，内花萼2，花瓣状，长圆形，背面有宽绿条纹，边缘带紫堇色；花瓣3，侧瓣倒卵形，内侧基部稍有毛，中间龙骨状花瓣比侧瓣长，背部具流苏状附属物。蒴果扁平，近圆形，顶端凹缺。花果期6—9月。

生于多石砾山坡和路旁、灌丛及杂木林中。

77. 苘　麻　Abutilon theophrasti Medic.

一年生亚灌木状草本，高达1～2m。茎枝被柔毛。叶互生，圆心形，先端长渐尖。花单生于叶腋；花梗长1～3cm，被柔毛，近顶端具节；花萼杯状，密被短绒毛，裂片5，卵形；花瓣黄色，倒卵形，长约1cm；雄蕊柱平滑无毛，心皮15～20，长1～1.5cm，顶端平截，具长芒2，排列成轮状，密被软毛。蒴果半球形，直径约2cm，分果15～20，被粗毛，顶端具长芒2。花期7—8月。

生于路旁、荒地、田野。

78. 北锦葵 Malva mohileviensis Dow.

一年生草本，高40～100cm。茎单一或数个，直立或上升。叶近圆形，基部深心形，上部5～7裂，茎上部叶广卵状三角形，顶端钝圆或锐尖，边缘具圆齿；叶具长柄，叶柄上部具沟槽，沟槽内密被毛。花多数，近无梗，簇生于叶腋；小苞片3，线状披针形，边缘有毛；花萼5裂，裂片卵状三角形，锐尖，背面被星状柔毛及分枝毛，边缘具较多的硬毛；花瓣淡紫色或淡红色，倒卵形，顶端微凹。果实略呈圆盘状；分果10～12，背侧具明显横皱纹。花期5—10月。

生于杂草地、山坡、庭院和住宅附近。

79. 狼　毒　Stellera chamaejasme L.

多年生草本。高20～40cm。根圆柱形。茎直立，丛生，不分枝。叶散生，稀对生或近轮生，薄纸质，披针形或长圆状披针形。花白色、黄色至带紫色，芳香，多花头状花序，顶生，圆球形；总苞片绿色叶状；无花梗；花萼筒细瘦，具明显纵脉，裂片5，常具紫红色的网状脉纹；雄蕊10，2轮，花药黄色；子房椭圆形，几无柄，花柱短，柱头头状。果实圆锥形，上部或顶部有灰白色柔毛，为宿存的花萼筒所包围。花期4—6月，果期7—9月。

生于干燥向阳的高山草坡、草坪或河滩台地。

80. 早开堇菜　Viola prionantha Bunge.

多年生草本。无地上茎。叶长圆状卵形或卵形；叶柄具翼，被细毛。花梗花期超出叶，果期常比叶短；苞生于花梗中部附近；花瓣紫堇色、淡紫色或淡蓝色，上瓣倒卵形，侧瓣长圆状倒卵形，里面有须毛或近无毛，下瓣中下部为白色并具紫色脉纹，瓣片连距长11～23mm，距长4～9mm，末端较粗，微向下弯；子房无毛，花柱棍棒状，基部微膝曲，向上端略粗。蒴果椭圆形至长圆形。花果期4月中旬至9月。

生于向阳草地、山坡、荒地、路旁。

81. 紫花地丁　*Viola yedoensis* Makino

多年生草本，高4～14cm，果期高可达20cm。无地上茎。叶多数，基生，莲座状，长圆形或狭卵状披针形。花紫堇色或淡紫色，稀呈白色，喉部色较淡并带有紫色条纹；花梗与叶片等长或高出于叶片，中部附近有2线形小苞片；花瓣倒卵形或长圆状倒卵形，侧方花瓣长1～1.2cm，下方花瓣连距长1.3～2cm，里面有紫色脉纹；距细管状，末端圆。蒴果长圆形。种子卵球形。花果期4月中下旬至9月。

生于田间、荒地、山坡草丛、林缘或灌丛中。

82. 千屈菜 Lythrum salicaria L.

多年生草本，高40～100cm。根茎横卧于地下，粗壮；茎直立，多分枝，略被粗毛或密被绒毛。叶对生或3叶轮生，披针形或阔披针形，全缘；叶无柄。花组成小聚伞花序，簇生；萼筒有纵棱12，稍被粗毛，裂片6，三角形；花瓣6，红紫色或淡紫色，倒披针状长椭圆形，基部楔形，着生于萼筒上部，有短爪，稍皱缩；雄蕊12，6长6短，伸出萼筒之外；子房2室，花柱长短不一。蒴果扁圆形。花果期7—9月。

生于河边、沼泽湿地。

83. 月见草 Oenothera biennis L.

二年生草本，高50～100cm。茎粗壮，圆柱形，单一或上部稍分枝，疏被白色长硬毛。茎生叶披针形或倒披针形，稀椭圆形，长5～10cm，宽1～2cm，先端渐尖，基部楔形，两面疏被细毛；基生叶具长柄，茎生叶柄较短，上部叶无柄。花单生于茎上部叶腋，浅黄色或黄色，夜间开放；萼筒长达3cm，先端4裂；花瓣4，平展，倒卵状三角形，顶端微凹；雄蕊8，黄色，短于花冠。蒴果长圆形，稍弯，略为四棱形。花果期6—9月。

生于向阳山坡、沙质地、荒地、铁路旁及河岸沙砾地。

84. 红柴胡　Bupleurum scorzoneraefolium Willd.

多年生草本，高30～60cm。茎基部密被多数棕色枯叶纤维，上部分枝，稍呈“之”字形弯曲。叶披针形。复伞形花序顶生或腋生，排列疏松；总苞片1～4，披针形至线形，极不等长，早落；伞梗细，不等长，呈弧形弯曲；小伞形花序具花8～12；小总苞片5，披针形至线状披针形，与花近等长或超出；花瓣黄色；花柱基厚垫状，比子房宽，深黄色，柱头2，下弯。双悬果长圆状椭圆形至广椭圆形，深褐色，果棱粗钝。花期8—9月，果期9—10月。

生于干燥草原、草甸子、向阳山坡、干山坡、林缘及阳坡疏林下。

85. 泽　芹　Sium suave Walt.

多年生直立草本，高50～100cm。茎直立，粗大，具条纹。叶轮廓呈长圆形至卵形，1回羽状分裂，羽片3～9对，羽片疏离，披针形至线形，边缘有细锯齿或粗锯齿；上部的茎生叶较小，羽片3～5对。复伞形花序顶生和侧生；花序梗粗壮；总苞片6～10，披针形或线形，尖锐，全缘或有锯齿，反折；小总苞片线状披针形，尖锐，全缘；伞辐10～20，细长；花白色；萼齿细小；花柱基短圆锥形。果实卵形，分生果的果棱肥厚，近翅状。花期8—9月，果期9—10月。

生于沼泽、湿草甸子、溪边、水边较潮湿处。

86. 点地梅　Androsace umbeilata (Lour.) Merr.

一或二年生草本，全株被节状的细柔毛。基生叶丛生，近圆形或卵圆形，边缘具多数三角状钝牙齿；叶柄长1～2cm。花葶通常数条由基部叶腋抽出，直立，伞形花序通常具4～10花；苞片多数，卵形至披针形，先端渐尖；花梗纤细，开展，混生腺毛；花萼杯状，5深裂几达基部；花冠通常白色、淡粉白色或淡紫白色，筒状，筒部短于花萼，喉部黄色，裂片与花冠筒近等长或稍长，倒卵状长圆形，明显超出花冠。蒴果近球形，成熟后5瓣裂。花期4—5月，果期6月。

生于林缘、草地和疏林下。

87. 海乳草　Glaux maritima L.

多年生草本。高5～25cm。根状茎横走，节部被对生的卵状膜质鳞片。茎直立或斜生，通常单一或下部分枝，无毛，基部节上被淡褐色卵形膜质鳞片状叶。叶交互对生或有时互生，近茎基部的3～4对叶鳞片状，膜质；上部叶肉质，线形、线状长圆形或近匙形，全缘；叶近于无柄。花单生于茎中上部叶腋；花梗短或不明显；花萼白色或粉红色，钟形，花冠状，分裂达中部；雄蕊5，稍短于花萼；花柱与雄蕊等长或稍短。蒴果卵状球形。花期6月，果期7—8月。

生于海边及内陆河漫滩盐碱地和沼泽草甸中。

88. 黄连花　Lysimachia davurica Ledeb.

多年生草本，高40～80cm。茎直立，上部有细腺毛。叶对生，偶3～4轮生，披针形至狭卵形，长4～12cm，宽1～4cm，先端尖，基部锐或稍钝，下面常带白色，散布黑点，基部具细腺毛；叶无柄。圆锥状或复伞房状圆锥花序，顶生，具细腺毛；花多数；花梗长7～12mm，基部有狭线形短苞；花径12～15mm；花萼裂片5，狭三角形，先端锐尖，边缘内有黑色条状腺体；花冠深黄色，裂片5，狭卵形，其内面及花丝均有淡黄色粒状细凸起；雄蕊5。蒴果球形。花期6—8月，果期8—9月。

生于草甸、林缘和灌丛中。

89. 狼尾花 Lysimachia barystachys Bunge

多年生草本，高30～100cm。茎直立，单一或有时有短分枝，茎上部被柔毛。叶互生，披针形；叶无柄或近无柄。总状花序顶生，花密集，常向一侧弯曲呈狼尾状，花轴及花梗均被柔毛；苞片线状钻形；花萼近钟形，5～7深裂，裂片长圆状卵形，外面被柔毛，边缘膜质，外缘呈小流苏状；花冠白色，5～7深裂；雄蕊5～7，长约为花冠的1/2；子房近球形，花柱稍短于雄蕊，柱头膨大。蒴果近球形。种子红棕色。花期6—7月，果期9月。

生于山坡、路旁较潮湿处。

90. 二色补血草　Limonium bicolor (Bunge) Kuntze

多年生草本。高20～50cm。叶基生，匙形至长圆状匙形，基部渐狭成平扁的柄，偶可见花序轴下部1～3节上有叶。花序圆锥状；花序轴单生，或2～5各由不同的叶丛中生出，通常有3～4棱角，有时具沟槽；不育枝少；穗状花序排列在花序分枝的上部至顶端，由3～9小穗组成；小穗含2～5花；花萼长6～7mm，漏斗状，萼檐初时淡紫红或粉红色，后来变白；花冠黄色。花期5—7月，果期6—8月。

主要生于平原地区，也见于山坡下部、丘陵和海滨，喜生于含盐的钙质土或砂地。

91. 达乌里龙胆　Gentiana dahurica Fisch.

多年生草本，高10～25cm，全株光滑无毛，基部被枯存的纤维状叶鞘包裹。枝多数丛生，斜生，黄绿色或紫红色，近圆形，光滑。莲座丛叶披针形或线状椭圆形，边缘粗糙，叶脉3～5；茎生叶少数，线状披针形至线形。聚伞花序顶生及腋生，排列成疏松的花序；花萼筒膜质，黄绿色或带紫红色，筒形；花冠深蓝色，有时喉部具多数黄色斑点，筒形或漏斗形，裂片卵形或卵状椭圆形。蒴果内藏，无柄，狭椭圆形。花果期7—9月。

生于田边、路旁、河滩、湖边沙地、水沟边、向阳山坡及干草原等地。

92. 鳞叶龙胆 Gentiana squarrosa Ledeb.

一年生草本，高5～10cm。茎细弱，通常多分枝，被短腺毛。基生叶较大，莲座状，卵状椭圆形或近圆形；茎生叶对生，长卵形或匙形、较小，基部连合，具软骨质白边，顶端有芒刺。花单生枝端；花萼钟状，裂片卵状披针形，顶端有芒刺，背面有棱，先端反卷；花冠蓝色，钟状，裂片短，卵形，裂片之间有褶，褶全缘，2裂或稍具齿，比裂片短；雄蕊5，内藏，着生于花冠筒上。蒴果近圆形，具柄，外露。花期4—6月，果期7—8月。

生于山坡、山谷、山顶、河滩、荒地、路边、灌丛中。

93. 瘤毛獐牙菜 Swertia pseudochinensis Hara

一年生草本，高10～15cm。茎直立，多分枝。叶线状披针形或披针形，先端尖，基部狭；叶几无柄或具短柄。圆锥状聚伞花序顶生和腋生，多花，有梗；花萼5深裂，裂片线形或线状披针形，为花冠的2/3长或近等长；花冠淡蓝紫色或淡蓝色，具浓紫色脉纹，直径2～2.5cm，5深裂，裂片卵状披针形或长卵形，基部具2椭圆形腺窝，顶端边缘有多数流苏状长毛，毛表面有乳头状凸起；雄蕊5；柱头2裂。蒴果狭卵形或长圆形。花期9—10月，果期10月。

生于山坡灌丛、杂木林下、路边、荒地。

94. 徐长卿 Cynanchum paniculatum (Bunge) Kitag.

多年生直立草本，高约1m。茎不分枝。叶对生，纸质，披针形至线形，长5 ~ 13cm，宽4 ~ 10mm。圆锥状聚伞花序生于顶端的叶腋内；花冠黄绿色，近辐状，裂片长达4mm，宽3mm；副花冠裂片5，基部增厚，顶端钝；花粉块每室1，下垂；子房椭圆形，柱头5角形，顶端略为凸起。蓇葖果单生，披针形，向端部长渐尖。花期6—8月，果期7—9月。

生长于向阳山坡及草丛中。

95. 地梢瓜　*Cynanchum thesioides* K. Schum.

直立半灌木，高约20cm。茎自基部多分枝。叶对生或近对生，线形，长2.5～6cm，宽2～5mm，先端尖，基部楔形，表面绿色，背面色淡，中脉隆起；叶具短柄或近无柄。聚伞花序腋生；花萼外面被柔毛；花小，黄白色；花冠绿白色；副花冠杯状，裂片三角状披针形，渐尖，高过药隔的膜片。蓇葖果纺锤形，先端渐尖，中部膨大。种子扁平，暗褐色，长8mm；种毛白色绢质，长2cm。花期6—7月，果期7—9月。

生长于山坡、沙丘或干旱山谷、荒地、田边等处。

96. 蓬子菜拉拉藤　Galium verum L.

多年生草本，高40～100cm以上。茎直立或斜生，基部稍木质化，近四棱形，无毛或下部无毛，中上部被短柔毛。叶7～10（15），轮生，线形，长1.5～5cm，宽0.5～2mm，顶端凸尖或具芒刺，表面暗绿色，稍有光泽，无毛或有毛，背面沿中脉被柔毛，边缘反卷；叶无柄。聚伞花序顶生和腋生，多花密集成圆锥状；花小；有短梗；花萼小，无毛；花冠黄色，4裂，裂片卵形，长约2mm，宽约1mm。果实近球形，双生，无毛。花期6—7月，果期7—8月。

生于山麓草甸子、路旁、山坡或草地。

97. 银灰旋花 Convolvulus ammannii Desr.

多年生草本，高10cm以上，全株密被银灰色长毛。茎少数或多数，高2～15cm，平卧或上升，枝和叶密被银灰色绢毛。叶互生，线形或狭披针形，先端锐尖，基部狭；叶无柄。花单生枝端，具细花梗；花萼5，外萼片长圆形，近锐尖或稍渐尖，内萼片较宽，椭圆形，渐尖，密被贴生银色毛；花冠小，淡玫瑰色或白色带紫色条纹，漏斗状，长8～15mm，有毛，5浅裂；雄蕊5；雌蕊较雄蕊稍长。蒴果球形，2裂。花期6—8月，果期7—9月。

生于干旱山坡草地或路旁。

98. 田旋花　Convolvulus arvensis L.

多年生草质藤本，近无毛。茎平卧或缠绕，有条纹及棱角。叶卵状长圆形至披针形，全缘或3裂。花序腋生；苞片2，线形；花萼有毛，稍不等；花冠白色或粉红色，或白色具粉红色或红色的瓣中带，或粉红色具红色或白色的瓣中带，宽漏斗形，5浅裂；雄蕊5，稍不等长，较花冠短1/2；花丝基部扩大，具小鳞毛；雌蕊较雄蕊稍长，子房有毛，柱头2，线形。蒴果卵状球形或圆锥形。花期6—8月，果期6—11月。

生于耕地及荒坡草地上。

99. 圆叶牵牛　Pharbitis purpurea (L.) Voigt

一年生缠绕草本。茎上被倒向的短柔毛及倒向或开展的长硬毛。叶心形或卵状心形，通常全缘，偶有3裂。花序腋生；小花梗长1～2.5cm，被短硬毛；苞片2，线形，被开展的短硬毛；萼齿5，近等长，外萼齿长椭圆形，渐尖，内萼齿线状披针形，均被开展的硬毛；花冠漏斗状，紫红色或淡红色，花冠筒近白色；雄蕊5，不等长，花丝基部被毛；雌蕊较雄蕊长，子房无毛，柱头头状，3裂。蒴果近球形，无毛。花期7—8月，果期8—9月。

生于田边、路边、宅旁或山谷林内，栽培或沦为野生。

100. 大果琉璃草　Cynogiossum divaricatum Steph.

多年生草本，高25～100cm。茎直立，中空，具肋棱，由上部分枝。基生叶及茎下部叶长圆状披针形或披针形，灰绿色，上下面均密被贴伏的短柔毛；茎中部及上部叶狭披针形，被灰色短柔毛。花序顶生及腋生，花稀疏，集为疏松的圆锥状花序；花萼外面密被短柔毛，裂片卵形或卵状披针形，果期几不增大，向下反折；花冠蓝紫色，深裂至下1/3，喉部有5个梯形附属物。小坚果卵形，密被锚状刺。花期6—8月。

生于山坡、草地、沙丘、石滩及路边。

101. 砂引草　Messerschmidia sibirica L.

多年生草本，高10～30cm。茎密被糙伏毛或白色长柔毛。叶披针形或长圆形。花序顶生；花萼披针形，密被向上的糙伏毛；花冠黄白色，钟状，长1～1.3cm，裂片卵形或长圆形，外弯，花冠筒较裂片长，外面密被向上的糙伏毛；花药长圆形，先端具短尖，花丝极短，着生花筒中部；子房无毛，略现4裂；花柱细，柱头浅2裂，下部环状膨大。核果椭圆形或卵球形，粗糙，密被伏毛，先端凹陷。花期5月，果实6—7月。

生于沿海沙地及盐碱地。

102. 附地菜 Trigonotis peduncularis (Tev.) Benth. ex Baker et Moore

一年生草本，高5～30cm。茎单一或数条，由基部分枝，直立或斜生，被糙伏毛，纤细。叶椭圆形，小叶匙形、椭圆形或披针形，互生；基生叶有长柄，茎生叶有短柄至无柄。总状花序生于枝端，果期伸长，通常有多数花，直立，无叶或只在基部具1～3叶片，被糙伏毛；花梗纤细，在花萼下明显变粗；花萼5深裂；花冠蓝色，5裂，裂片钝，喉部黄色；雄蕊5，内藏。小坚果4，四面体形，较宽，被稀疏短毛，具锐棱，有短柄。花果期5—7月。

生于平地、山坡草地、田间及路旁。

103. 夏至草　Lagopsis supina (Steph.) Ik.-Gal. ex Knorr.

多年生草本，高15～45cm。茎直立或上升，常于基部分枝，被倒向的柔毛。叶近圆形，掌状3深裂，裂片长圆形，具牙齿，两面绿色，被微毛。轮伞花序，枝上部密集，下部较疏松；小苞片微弯曲，刚毛状，密被微毛；花萼管状钟形，密被微毛，具不等的5齿，先端刺尖；花冠白色，稍伸出于萼筒，外被短柔毛，上唇比下唇长，直立，长圆形，全缘，下唇开展，3浅裂，中裂片较宽；雄蕊4，前雄蕊较长，内藏；花柱先端2浅裂。小坚果卵状三棱形，褐色。花期4—5月，果期5—6月。

生于山坡、草地、路旁。

104. 益母草　*Leonurus japonicus* Houtt.

一或二年生草本，高达1m。茎直立，单一，被倒向短伏毛。茎下部叶花期枯萎；中部叶3全裂，裂片长圆状菱形，又羽状分裂，裂片宽线形；上部叶向上分裂渐少至不分裂；茎中部叶具柄，向上近无柄。轮伞花序腋生，多数集生于茎顶成穗状花序，每轮花多数；苞片针刺状，密被伏毛；花萼管状钟形，具刺状齿5；花冠紫红色或淡紫红色，冠檐二唇形，上唇长圆形，直伸，下唇3裂，中裂片倒心形；雄蕊4；花柱先端2裂。小坚果长圆状三棱形。花果期7—9月。

生于多种生境，尤以阳处为多。

105. 兴安薄荷 **Mentha dahurica** Fisch. ex Benth.

多年生草本，高30～60cm。茎直立，单一，沿棱上被倒向的微柔毛。叶对生，卵形或卵状披针形，长（1.5）3～7cm，宽1～2cm，先端尖或稍钝，基部宽楔形至近圆形，边缘有浅锯齿；叶具柄。轮伞花序于茎顶2轮聚成头状，其下1～2节轮伞花序稍远离，腋生；小苞片线形，被微柔毛；花梗带紫色，被微柔毛；花萼管状钟形，萼齿5，宽三角形；花冠粉红色或粉紫色，钟形，冠檐4裂，上裂片2浅裂；雄蕊4；花柱丝状，先端2裂，稍带紫色。小坚果卵圆形，褐色。花期7—9月，果期8—10月。

生于水湿草地、湿草甸子及路旁。

106. 薄　荷　　Mentha haplocalyx Briq.

多年生草本，高30～100cm。茎直立，上部具倒向微柔毛。叶对生，卵形、披针状卵形，长3～7cm，宽1.5～3cm，先端尖，基部楔形或渐狭，两面沿脉密被微毛；叶具短柄。轮伞花序腋生，呈球形；小花梗纤细，被柔毛；花萼管状钟形或钟形，萼齿5，披针状钻形或狭三角形，先端尖；花冠淡紫色，里面喉部被柔毛，冠檐4裂，上裂片先端2裂；雄蕊4，均伸出花冠外，稀不伸出，与花冠近等长；雌蕊略长于雄蕊；柱头2裂。小坚果长圆形，黄褐色。花期7—9月，果期8—10月。

生于江、湖及水沟旁、山坡、林缘湿草地。

107. 黄　芩　Scutellaria baicalensis Georgi

多年生草本，高20 ~ 60cm。茎丛生，直立或上升，钝四棱形。叶对生，披针形至线状披针形，长1.5 ~ 5cm，宽2 ~ 13mm，先端钝或稍尖，基部圆形，全缘，常反卷，表面深绿色，背面色淡，密布腺点；叶具短柄。总状花序顶生，偏向一侧，长4 ~ 10cm，下方的花生于叶腋；花有梗；被微柔毛；花冠蓝紫色，外面被短腺毛，上唇盔瓣状，下唇中裂片较宽大，顶端微凹，明显地短于上唇；雄蕊4，前雄蕊较长，稍露出或内藏；子房柄极短。小坚果近黑色，椭圆形。花期7—8（6—9）月，果期8—9月。

生于草甸草原、沙质草地、丘陵坡地、草地、向阳山坡。

108. 华水苏 **Stachys chinensis** Bunge ex Benth.

多年生草本，高50～100cm。茎直立，棱上疏被倒生刺毛。叶长圆状披针形至线形，长6～10cm，宽0.5～1.5cm，先端钝尖或渐尖，基部广楔形至楔形，两面疏被短柔毛；叶无柄或近无柄。轮伞花序多轮，每轮6花，于茎顶或分枝顶端排列成穗状花序；花萼钟形，被白色长毛，5齿裂，先端具刺尖；花冠紫红色或粉红色，花冠筒与花萼近等长，冠檐二唇形，上唇较短，直立，下唇开展，3裂，中裂片较大，边缘有齿；雄蕊4，花丝有毛；花柱先端2裂。小坚果卵状球形。花期6—7月，果期7—10月。

生于湿草地、河边及水甸子边等处。

109. 兴安百里香　Thymus dahuricus Serg.

小灌木。茎多数，密生，匍匐。不育枝长，匍匐；花枝直立或斜生，高3～10cm，密被白色长柔毛。叶狭倒披针形或长圆状倒披针形，长10～15mm，宽1～2mm，先端钝尖，基部楔形；叶具短柄。轮伞花序密集成头状；花梗密被毛；苞片披针形，具长缘毛；花萼外密被白色长刚毛及腺点，萼筒边缘具髯毛，檐部二唇形，上唇3裂，三角形，下唇2裂，披针形；花冠粉紫色，内外均被毛，明显超出花萼，二唇形，上唇微凹，下唇3裂，中裂片稍长；雄蕊伸出花冠。

生于山坡沙质地及固定沙丘上。

110. 曼陀罗 Datura stramonium L.

一年生草本，高30～60（100）cm，有臭气。茎直立，单一，上部二歧状分枝。叶卵形或广椭圆形，长8～16cm，宽4～12cm，先端渐尖，基部呈不对称楔形，边缘具不规则波状浅裂，表面暗绿色，背面色淡；叶具柄。花单生于枝叉间或叶腋，直立，有短梗；花萼筒状，筒部有5棱角，基部稍膨大，5浅裂；花冠下部带绿色，上部白色，漏斗状，5浅裂，裂片有短尖头；雄蕊5。蒴果直立，卵状，表面生有坚硬针刺，果实规则4瓣裂。种子卵圆形或肾形，黑色。花期6—9月，果期9—10月。

生于住宅旁、路边或草地上。

111. 天仙子　Hyoscyamus niger L.

二年生草本，高30～80cm，全株被黏质腺毛及柔毛，有臭气。一年生的茎极短，自根茎发出莲座状叶丛，基部半抱根茎，边缘具粗牙齿或羽状浅裂；叶具宽而扁的翼状柄；翌年茎伸长而分枝，茎生叶卵形或三角状卵形，边缘羽状浅裂或深裂。茎中部以下花单生于叶腋；上部花单生于苞叶内聚集成蝎尾式总状花序，常偏向一侧；花萼筒状钟形，5浅裂，先端锐尖具小刺，有10条纵肋；花冠土黄色，钟状，脉纹紫堇色；雄蕊稍超出花冠。蒴果卵球形。花期6—8月，果期8—10月。

生于山坡、路边、宅旁及河边沙地。

112. 龙　葵　Solanum nigrum L.

一年生草本，高30～60cm。茎直立或斜生，分枝开展，绿色或紫色，幼时被微柔毛。叶卵形或近菱形，长2.5～10cm，宽1.5～6cm，先端短尖或渐尖，基部宽楔形，全缘或具波状粗齿，表面深绿色，背面色淡；叶具柄。蝎尾状花序腋外生，由3～10花组成；花梗下垂，具短柔毛；花萼绿色，浅杯状，5浅裂，裂片卵圆形；花冠白色，5深裂，裂片三角状卵形，反折；雄蕊5，花丝短，花药黄色，伸出花冠筒外；子房卵形。浆果球形，熟时黑色。种子多数，近卵形。花期7—9月，果期8—10月。

生于田边、荒地、住宅附近。

113. 达乌里芯芭 Cymbaria dahurica L.

多年生草本，高7～20（23）cm，密被灰白色绢毛。茎多数丛生，斜生或近直立。叶对生，线形至线状披针形，长10～25mm，宽1～5mm，先端渐尖；叶无柄。花通常1～4；小苞片线形或披针形，全缘或3深裂；花萼下部筒状，顶端5裂，先端渐尖，有1小刺尖；花冠大，黄色，二唇形，上唇2裂稍向前弯，下唇3裂，两裂口的后面有2褶襞，喉部有一撮长毛；雄蕊4，2强，稍露出于花冠喉部；子房长圆形，花柱细长，外露，向前弯曲。蒴果卵形。种子卵状三棱形。花期6月，果期7—9月。

生于山坡或沙质草原上。

114. 柳穿鱼 Linaria vulgaris L. var. sinensis Bebeaux

多年生草本，高10～80cm。茎直立，单一或上部多分枝。叶线形，长2～6cm，宽2～6（10）mm，通常具单脉，稀3脉。总状花序顶生，多花密集；花序轴与花梗均无毛或疏被短腺毛；苞片线形至狭披针形，比花梗长；花萼裂片披针形，外面无毛，里面稍密被腺毛；花冠黄色，上唇比下唇长，裂片卵形，下唇侧裂片卵圆形，中裂片舌状，距稍弯曲。蒴果椭圆状球形或近球形。种子圆盘形，边缘有宽翅，成熟时中央常有瘤状凸起。花期6—9月，果期8—10月。

生于山坡、河岸石砾地、草地、沙地草原、固定沙丘、田边及路边。

115. 弹刀子菜 Mazus stachydifolius (Turcz.) Maxim.

多年生草本，高10～45cm，被白色长柔毛。茎直立，圆柱形，老时基部木质化。基生叶及茎下部叶匙形；中部叶较大，边缘具不规则锯齿；上部叶椭圆形至倒卵状披针形，长2～7cm，宽0.5～1.5（2.5）cm；基生叶及茎下部叶具短柄；上部叶无柄。总状花序顶生；苞片三角状卵形；花萼漏斗状；花冠蓝紫色或紫色，上唇短，先端尖，2裂，下唇宽大，开展，3裂，中裂片近圆形，有2条隆起褶襞达喉部，被黄色斑点及稠密的乳头状腺毛；雄蕊4，2强。蒴果小。种子多粒。花期5—6月，果期7—8月。

生于山坡草地、林缘、山阳坡石砾质地或路旁。

116. 细叶婆婆纳　**Veronica linariifolia** Pall. ex Link

多年生草本，高35～90cm。茎直立或斜生，被白卷毛。叶线形或线状披针形，长2～6.5cm，宽2～7mm，顶端锐尖，基部狭楔形，下部全缘，中上部边缘疏生小锯齿。总状花序顶生，多花密集成长穗状；苞片线形；花梗被白卷毛；花萼4深裂，裂片卵状披针形；花冠蓝色、蓝紫色、淡红紫色或白色，花冠筒裂片4～5；雄蕊比花冠长，花丝无毛；花柱丝状，柱头小，头状。蒴果椭圆形或近圆状肾形，顶端微凹，无毛。种子多数，细小，近圆形或长卵形。花期7—8月，果期8—10月。

生于山坡草地、林边、灌丛、草原、沙岗及路边。

117. 角　蒿　Incarvillea sinensis Lam.

一年生直立草本，高30～50cm。茎直立，圆柱形，具条棱，被微柔毛或无毛。叶互生或近对生，2～3回羽状深裂或全裂，具裂片4～7对，终裂片线形或线状披针形长0.5～1.5cm，宽1～3mm，先端尖，裂片全缘；叶具柄。总状花序顶生；花3～5（15）；有苞片及小苞片；花萼筒钟状，萼裂片钻形；花冠红色或淡红紫色，漏斗状，檐部5裂，略呈二唇形；雄蕊4，2强，花药成对靠合；花柱红色，柱头2裂。蒴果圆柱形，有棱，果熟时2裂。种子多数，卵圆形。花期6—8月，果期8—9月。

生于荒地、路旁、河边、山沟等处向阳沙质土壤上。

118. 平车前　Plantago depressa Willd.

多年生草本，高10～40cm。主根圆柱形，长5～20cm，具多数细根。叶椭圆形、长椭圆形或椭圆状披针形，长5～13cm，宽1～4cm，先端锐尖，基部下延，边缘具不规则疏牙齿，弧形脉明显隆起，老叶近无毛或疏生毛，嫩叶毛较密；叶具柄，槽状，中脉明显，绿色。花茎数个或数十个，具纵棱；穗状花序，上部花密生，下部花疏生；苞片1，披针形；花萼裂片4，倒卵形，先端钝圆；花冠筒状，顶部4裂；雄蕊4，伸出花冠外。蒴果卵状圆形，盖裂。种子椭圆形。花期6月。果期7—8月。

生于田间路旁、草地沟边。

119. 异叶败酱 **Patrinia heterophylla** Bunge

多年生草本，高20～80cm。茎直立，被短毛。基生叶多数，卵形，边缘具圆齿，多毛；茎生叶对生，下部叶深裂至全裂，裂片2～5对；中部叶大头羽状分裂，1～3对，顶裂片最大，卵形或卵状披针形，先端长渐尖，边缘具圆齿状缺刻；基生叶具长柄。聚伞花序，多花密集成伞房状；苞片线状披针形或披针形；总花梗与花梗均密被短腺毛或粗毛；花萼不明显；花冠黄色，筒状钟形，5裂；雄蕊4；子房下位，花柱1，柱头头状。瘦果长圆形或长倒卵形。花期7—8月，果期9月。

生于山坡草地或岩石缝上。

120. 窄叶蓝盆花 **Scabiosa comosa** Fisch. ex Roem. et Schult.

多年生草本，高30～70cm。茎直立，单一或分歧。基生叶丛生，叶狭椭圆形或披针形，长5～10（12）cm，宽1～2cm，羽状全裂，裂片线形；茎生叶比基生叶大，1～2回羽状分裂，裂片线形；基生叶具柄；茎生叶具短柄或近无柄。头状花序单生或3出；总苞片6～10，线形或线状披针形；花萼5裂，裂片细长针状；花冠蓝紫色，边花唇形，上唇短，2裂，下唇大，3裂；中央花冠小，筒状，顶端5裂；雄蕊4，花丝细长；花柱长，柱头头状。瘦果长圆形。花期7—8月，果期8—9月。

生于干燥沙质地、沙丘、干山坡及草原上。

121. 桔　梗　Platycodon grandiflorum (Jacq.) DC.

多年生草本，高20～80（120）cm，有白色乳汁。根粗壮，肉质，呈胡萝卜状，分枝少，黄褐色。茎直立，单一或上部分枝。3叶轮生或茎上部叶对生或互生，卵形或卵状披针形，长（2）3～4（7）cm，宽（0.5）1～2.5（4）cm，先端锐尖，基部楔形或近圆形，边缘具细小锐锯齿。花单生或数花集成假总状花序或圆锥形花序；花萼广钟形，萼筒被白粉，萼裂片5；花冠鲜蓝色或紫色，广钟形，先端5浅裂或中裂；雄蕊5；柱头5裂。蒴果椭圆状倒卵形，果熟时顶端5瓣裂。种子狭卵形。花期7—9月，果期8—10月。

生于山坡草地、山地林缘、灌丛、草甸、草原。

122. 猫儿菊 **Achyrophorus ciliatus** (Thunb.) Sch.-Bip.

多年生草本，高30～60cm。茎直立，不分枝，被长毛及硬刺毛。基生叶簇生，长圆状匙形，长达20cm，宽3～5cm，先端锐尖，基部下延至柄呈翼状，边缘具不整齐锐尖牙齿及齿毛状缘毛，表面近无毛，背面被刺毛；茎下部叶与基生叶相似，中上部叶向上渐小，长圆形或椭圆形；基生叶及茎下部叶具柄，中上部叶无柄，抱茎。头状花序大，单生于茎顶；总苞半球形或钟形，总苞片3～4层；花橙黄色，舌状，先端5齿裂。瘦果圆柱状；冠毛1层，羽状。花期7月，果期7—8月。

生于干山坡灌丛间及干草甸子。

123. 大籽蒿 *Artemisia sieversiana* Ehrh. ex Willd.

二年生草本，高50～150cm。茎直立，粗壮，具条棱，被白色短柔毛。叶广卵状三角形，2～3回羽状分裂，裂片长圆状线形或线状披针形，边缘撕裂状或具缺刻状牙齿，表面绿色，被伏毛，背面密被灰白色伏毛，两面密被小腺点；最上部叶3出或不分裂，线形或披针形；叶具长柄。头状花序大，多数，半球形，下垂，形成大圆锥状；苞叶线形；总苞片2～3层；边花雌性，花冠瓶状；中央花两性，花冠漏斗状钟形，先端5齿裂。瘦果长圆状倒卵形，褐色。花期7—8月，果期8—9月。

生于沙质草地、山坡草地及住宅附近。

124. 猪毛蒿 Artemisia scoparia Wald. et Kit.

一、二年生或多年生草本，高可达1m。茎直立，多分枝。基生叶及茎下部花期枯萎；茎中部以上叶1～2回羽状分裂，裂片毛发状，长1～2cm；中部以上叶具短翼状柄，基部半抱茎，有1～2对托叶状小裂片。头状花序多数，球形或卵状球形，下垂或斜生，排列成大圆锥花序；总苞片2～3层；边花6，雌性，花冠细管状，具黄色腺点，结实；中央花6，两性，漏斗状钟形，不结实；花序托稍凸起，裸露。瘦果长圆形或倒卵状长圆形，褐色。花期7—8月，果期9—10月。

生于田边、山坡、休闲地、林缘及庭院、沙质草地。

125. 烟管蓟 Cirsium pendulum Fisch. ex DC.

多年生草本，高1～2m。茎直立，上部被白色蛛丝状毛。叶质薄，羽状分裂，顶裂片长渐尖，侧裂片5～6对，披针形，边缘具不规则牙齿和刺及刺状缘毛，先端渐尖，终以刺尖，基部下延至柄成翼，翼边缘亦有刺；茎上部叶渐小，侧裂片2～3对；基生叶及茎下部叶具柄，上部叶无柄，半抱茎。头状花序多数，下垂，排列成总状花序或圆锥状花序；总苞卵形，总苞片8层；花冠紫红色，下筒部为上筒部长的2～3倍。瘦果长圆状倒卵形；冠毛羽毛状，污白色。花期6—7月，果期8—9月。

生于林下、河岸、河谷、湿草甸等处。

126. 大刺儿菜　Cirsium setosum (Willd.) Bieb.

多年生草本，高达2m。茎粗壮，幼时被蛛丝状绵毛，上部多分枝。基生花期枯萎；茎生叶长圆状披针形或披针形，长6～11cm，宽2～3cm，先端有刺尖，基部楔形，边缘具羽状缺刻状牙齿或羽状浅裂；上部叶向上渐小；茎生叶具短柄或无柄。头状花序多数，密集，排列成伞房状，单性，异型，雌雄异株；总苞钟形，总苞片多层；花冠紫红色；雄头状花序较小；总苞长1.5cm；雌头状花序总苞长1.6～2cm；花冠下筒部长为上筒部的4～5倍。瘦果倒卵形或长圆形；冠毛白色。果期7—9月。

生于林下、林缘、河岸、荒地、田间及路旁。

127. 刺儿菜 **Cirsium segetum** Bunge

多年生草本，高20～70cm。茎直立，被蛛丝状绵毛。基生叶花期枯萎，披针形或长圆状披针形；茎生叶椭圆形或长圆状披针形，长4～11cm，宽0.7～2.7cm，先端钝，具1小刺尖，基部楔形或钝圆，边缘有刺，两面被蛛丝状绵毛，上部叶向上渐小；茎生叶无柄。头状花序单生于茎或枝端，单性，异型，雌雄异株；总苞片多层；花冠紫红色；雄头状花序较小；下筒部长为上筒部的2倍；雌头状花序较大；下筒部为上筒部的3～4倍。瘦果椭圆形或卵形；冠毛白色或淡褐色。花果期7—9月。

生于田间、荒地、路旁等处，为常见的田间杂草。

128. 小飞蓬 Erigeron cannadensis L.

一年生草本，高50 ~ 100cm。茎直立，疏被长硬毛，上部分枝。叶互生，密集，茎下部叶倒披针形，长5 ~ 10cm，宽1 ~ 1.5cm，先端尖或渐尖，基部渐狭成柄，有长缘毛；中上部叶向上渐小，线状披针形或长圆状线形，全缘，稀具齿1 ~ 2。头状花序多数，于茎顶排列成圆锥状；花序梗细；总苞片2 ~ 3层，线状披针形，边缘白色膜质，外层短；舌状花白色，极短，直立，线形，管状花黄色，先端4 ~ 5裂。瘦果长圆状倒卵形，有不明显边肋；冠毛1层，白色，刚毛状。花果期6—10月。

生于荒地、田边、路旁等处。

129. 林泽兰　Eupatorium lindleyanum DC.

多年生草本，高达1m。茎直立，单一，有时中上部分枝，密被短柔毛。叶对生，不裂或3全裂，披针形或线状披针形，长7～10cm，宽8～20mm，先端钝或尖，基部楔形，边缘具疏齿，表面散被粗伏毛，背面沿脉密被柔毛及腺点，基生三脉；叶三全裂，中裂片大，有时仅有小侧裂片1。头状花序密集成复伞房状；总苞圆柱状，总苞片3层，外层小，带紫色，内层长圆状披针形，膜质；花5，同型，两性；花冠紫色，管状。瘦果黑褐色；冠毛1层，白色。花果期7—9月。

生于山坡、林缘、湿草地、沟边。

130. 线叶菊 Filifolium sibiricum (L.) Kitam.

多年生草本，高20～60cm。茎直立，丛生。基生叶莲座状，2～3回羽状全裂，裂片丝形或线状丝形，长4cm，宽0.5～1mm，先端锐尖，边缘反卷；茎生叶向上渐小；基生叶具长柄；茎生叶无柄。头状花序多数，于茎及枝端排列成密伞房花序；总苞半球形、广卵形或卵状长圆形，无毛，总苞片3层；边花5～7，雌性，花冠管状锥形，有腺点，结实；中央花多数，两性，花冠管状，黄色，先端5齿裂。瘦果扁倒卵形，先端近截形；无冠毛。花果期6—9月。

生于干山坡、多石质山坡、草原、固定沙丘或盐碱地区岗地上。

131. 欧亚旋覆花　*Inula britannica* L.

多年生草本，高（15）20～70cm。茎直立，单一，被伏柔毛，上部分枝。叶长圆状披针形或广披针形，长4～9cm，宽1.5～2.5cm，先端渐尖或锐尖，基部宽大，截形或近心形，有耳，半抱茎，表面疏被微毛，背面被长柔毛，密被腺点。头状花序1～5，生于茎顶枝端；苞叶线形或长圆状线形；花序梗细；总苞半球形，总苞片4～5层，近等长，边缘具纤毛；边花1层，黄色，雌性，舌状，先端3齿；中央花两性，管状，先端5齿裂。瘦果圆柱形；冠毛1层，白色。花期8—9月，果期9—10月。

生于山沟旁湿地、湿草甸子、河滩、田边、路旁湿地以及林缘或盐碱地上。

132. 旋覆花 **Inula japonica** Thunb.

多年生草本，高30 ~ 80cm。茎直立，单一，密被伏毛，上部分枝。茎下部叶较花期枯萎；中部叶披针形或线状披针形，长5 ~ 11cm，宽1 ~ 2cm，先端渐尖，基部渐狭，有小耳，半抱茎，背面密被长伏毛及腺点；上部叶渐小，线状披针形；叶无柄。头状花序排列成疏散的伞房花序；花序梗细长，密被短柔毛；总苞半球形，总苞片5层，近等长；舌状花1层，黄色，雌性，先端3齿裂，管状花多数，黄色，两性，先端5裂。瘦果圆柱形；冠毛1层，白色，刚毛状。花果期7—10月。

生于路旁、河边湿地、林缘、河岸、沼泽边湿地。

133. 线叶旋覆花　Inula linariaefolia Turcz.

多年生草本，高50～80cm。茎直立，带紫红色，被短伏毛。基生叶及茎下部叶线状披针形，长15～17cm，宽8～12mm，先端长渐尖，基部渐狭成柄，半抱茎，边缘具小锯齿，反卷，背面被蛛丝状毛及腺点；中部叶线状披针形或线形，基部渐狭，半抱茎；上部叶向上渐小。头状花序5至多数，排列成伞房状聚伞花序；总苞半球形，总苞片4层；舌状花1层，黄色，雌性，先端具3齿，管状花多数，黄色，两性，先端5齿裂。瘦果圆筒形；冠毛1层，白色。花期7—8月，果期8—9月。

生于海边湿地，低湿草地、林缘湿地、草甸、路旁及山沟等处。

134. 柳叶旋覆花　Inula salicina L.

多年生草本，高30 ~ 80cm。茎直立，下部被毛，不分枝或上部少分枝。茎下部叶长圆状匙形；中部叶近革质，长圆状披针形或披针形，长5 ~ 8cm，宽1 ~ 2cm，先端钝尖，基部渐狭，心形，具圆形小耳，半抱茎，边缘具小尖头细齿及缘毛，背面脉凸出；上部叶渐小，线状披针形。头状花序单生或数个生于枝端；总苞片4 ~ 5层，长圆状披针形；舌状花1层，黄色，雌性，先端3齿裂，管状花多数，两性，先端5裂。瘦果圆柱形；冠毛刚毛状，污白色。花期7—8月，果期8—9月。

生于湿草地、草原或山坡草地。

135. 山苦菜　Ixeris chinense (Thunb.) Nakai.

多年生草本，高10～35（50）cm。茎直立或斜生，多数。基生叶丛生，异型，长3～12cm，宽5～10mm，大头羽裂、倒向羽裂、羽状浅裂或深裂、具微波状牙齿或近全缘，顶裂片长圆形、长圆状披针形至线形，侧裂片多对，基部下延成柄；茎生叶少数，长圆状披针形或线状披针形，全缘或多少具细小牙齿；茎生叶无柄。头状花序多数，排列成伞房状圆锥花序；总苞圆柱状钟形，总苞片2层；舌状花黄色、白色或淡紫色。瘦果圆柱形，赤褐色；冠毛1层，白色，宿存。花果期5—9月。

生于山坡路旁、干草地、田边、河滩沙地、沙丘等地。

136. 全叶马兰　**Kalimeris integrifolia** Turcz. ex DC.

多年生草本，高30～70cm，全株密被灰绿色短绒毛。茎直立，基生叶及茎下部叶花期枯萎；中部叶多数，密集，线状倒披针形或长圆形，先端凸尖，基部渐狭，全缘，边缘稍反卷；上部叶较小，线形；叶无柄。头状花序单生枝端，排列成疏伞房花序；总苞半球形，总苞片3层，外被粗毛和腺点；舌状花1层，蓝紫色，管状花黄色。瘦果扁倒卵形，稍偏斜，具不明显的1～2肋，无毛；舌状花冠毛很短，管状花冠毛短刚毛状，污白色。花期7—8月，果期9月。

生于山坡多石质地、干草原、河岸、沙质草地及固定沙丘上。

137. 山莴苣 Lactuca indica L.

一或二年生草本，高50～150（200）cm。茎直立，上部分枝。叶形多变异，全缘至羽状或倒向羽状深裂或全裂，裂片全缘或边缘缺刻状或具尖齿；茎上部叶线形或线状披针形；基生叶有柄，花期枯萎；茎生叶无柄，基部扩大成戟形抱茎。头状花序排列成圆锥状；总苞圆柱形，总苞片3～4层，覆瓦状排列，带紫色，外层卵形，较短，内层披针形，边缘膜质，先端渐尖或钝头；舌状花黄色。瘦果压扁，椭圆形，具短喙；冠毛白色，毛状，脱落。花果期7—9月。

生于山沟路旁、林边、撂荒地及山坡路旁。

138. 大丁草 Leibnitzia anadria (L.) Turcz.

多年生草本，有春、秋二型。春型植株矮小，高5～15cm，全株被白色绵毛。茎直立。基生叶莲座状，先端微尖，基部心形，边缘具波状齿；茎生叶少数，膜质，线形；基生叶具长柄。头状花序单生于茎顶；总苞狭钟形，总苞片3层；边花1层，花冠近二唇形；中央花两性，二唇形。瘦果纺锤形。花果期5—7月。秋型植株较高大，高30～80cm。基生叶大头羽裂，顶裂片大，卵形或长圆状卵形，侧裂片小，有时呈翼状。头状花序较大，花同型；花冠管状，二唇形。瘦果纺锤形。花果期8—10月。

生于山坡、林缘、水沟边，适应性较强。

139. 火绒草 Leontopodium leontopodioides (Willd.) Beauv.

多年生草本，高（10）20～30（40）cm，全株密被灰白色绵毛。茎直立，丛生，稍弯曲。叶密生，基生叶及茎下部叶花期枯萎；中部叶线形或线状披针形，长2～4.5cm，宽3～5mm，先端锐尖或钝，基部半抱茎，边缘反卷，背面脉凸起；叶无柄。头状花序单生或3～4（7）集成团伞状；苞叶1～4，线形或狭披针形，较上部叶短；总苞半球形，总苞片3～4层，披针形，膜质，背面密被灰白色绵毛；雌花花冠丝状，花后伸长；雄花管状漏斗形。瘦果长椭圆形；冠毛白色或污白色。花期6—8月，果期8—9月。

生于干草原、石质山坡、丘陵地、林缘及河岸沙地。

140. 兴安毛连菜 **Picris dahurica** Fisch. ex Hornem.

二年生草本，高达1m，全株密被钩状分叉硬毛。茎直立、单一，上部分枝。基部叶花期枯萎；茎生叶披针形或长圆状披针形，长8～15（20）cm，宽1～4cm，先端钝尖，基部渐狭，边缘有疏齿；中上部叶向上渐小，稍抱茎；上部叶全缘；茎生叶无柄。头状花序排列成聚伞状；苞叶狭披针形；总苞筒状，总苞片3层；舌状花黄色，先端5裂。瘦果稍弯曲，纺锤形，红褐色；冠毛2层，外层糙毛状，内层长羽毛状。花期7—9月，果期8—10月。

生于林缘、山坡草地、沟边、灌丛等处。

141. 祁州漏芦 Rhaponticum uniflorum (L.) DC.

多年生草本，高20～70cm。茎直立，单一，密被灰白色绒毛。叶羽状深裂至浅裂，裂片6～10对，开展或斜上，长圆形，长2～3cm，边缘具不规则牙齿，两面被白色长柔毛；茎上部叶向上渐小；叶具柄，被绵毛。头状花序大，单生于茎顶；总苞半球形，基部凹陷，总苞片多层，先端具干膜质附属物，外层及中层匙形，内层披针状线形；花淡紫色，花冠管部短，裂片线形，先端厚尖。瘦果倒圆锥形，淡褐色；冠毛多层，棕黄色，刚毛状，带羽状短毛。花期5—6月，果期6—7月。

生于草原、林下、山坡、山坡砾石地、沙质地等处。

142. 草地风毛菊 Saussurea amara DC.

多年生草本，高25 ~ 60cm。茎直立，具沟槽，疏被微毛。基生叶及茎下部叶花期枯萎，茎中部叶卵状披针形或披针形，长7 ~ 10cm，宽2 ~ 3cm，先端长渐尖，基部楔形，全缘；上部叶狭披针形至线形；中部叶有柄，上部叶无柄。头状花序多数，排列成伞房状圆锥花序；总苞狭筒形或筒状钟形，总苞片4 ~ 5层，外层卵形，背面中脉紫色，中、内层先端具紫色附属物及紫色膜质边；花淡紫红色。瘦果长圆形，褐色，具细棱；冠毛2层，外层糙毛状，极短，内层羽毛状。花期7—8月，果期9月。

生于荒地、湿草地、耕地边、沙质地。

143. 笔管草 **Scorzonera albicaulis** Bunge

多年生草本，高（10）20～80cm，全株密被蛛丝状绵毛，后渐无毛或仅上部有毛。茎直立，上部分枝。基生叶线形，长达30cm，宽0.5～1（2）cm，先端渐尖，基部渐狭；茎生叶与基生叶同形，向上渐小；基生叶具柄，柄基部扩大成鞘，淡褐色；茎生叶无柄，抱茎。头状花序数个，排成伞房状；总苞狭筒形，总苞片5层；舌状花黄色，背面稍带淡紫色，超出总苞。瘦果黄褐色，圆柱形，具纵肋，先端渐狭成喙；冠毛黄褐色。花期5—7月，果期6—9月。

生于干山坡、固定沙丘、沙质地、山坡灌丛、林缘、路旁等处。

144. 羽叶千里光 Senecio argunensis Turcz.

多年生草本，高60 ~ 150cm。茎直立，单一，疏被蛛丝状毛或无毛。基生叶及茎下部叶花期枯萎；茎生叶多数，卵状长圆形或长圆形，长8 ~ 10（15）cm，宽4 ~ 6cm，羽状深裂，裂片线形或狭披针形，先端尖，侧裂片6对；最上部叶线形；茎生叶无柄。头状花序多数，排列成伞房状；花序梗密被白色蛛丝状绵毛；总苞半球形，基部有小苞片，总苞片1层；舌状花深黄色，雌性，管状花多数，黄色，两性，花冠管状钟形。瘦果长圆形，无毛，有肋；冠白污白色，糙毛状。花期8—9月，果期9—10月。

生于灌丛、林缘、山坡草地、河岸湿地及撂荒地。

145. 多花麻花头 Serratula polycephala Iljin

多年生草本，高40～80cm。茎直立，圆柱形，上部分枝。基生叶羽状深裂、羽状浅裂、缺刻状羽裂或全缘，两面被糙毛，边缘齿端具刺尖，花期常枯萎；茎生叶羽状全裂或深裂，侧裂片2～10对，卵状线形或长圆状线形，先端钝或渐尖，全缘；叶具长柄或几无柄。头状花序多数，直立，生于枝端；总苞狭筒状钟形或狭筒形，上部稍缢缩，总苞片7层；花同型，两性；花冠紫色，管状，下筒部与上筒部近等长，先端5裂。瘦果倒圆锥形，苍白黄色；冠毛多层。花果期7—9月。

生于山坡路旁、干草地、耕地及荒地。

146. 苣荬菜 Sonchus brachyotus DC.

多年生草本，高25～90cm。茎直立，单一，无毛。基生叶及茎最下部叶花期枯萎；中下部叶倒披针形或长圆状倒披针形，长10～20cm，宽2～5cm，先端小刺尖，基部渐狭稍扩大，半抱茎，全缘，具睫状刺毛或边缘波状弯缺至羽状浅裂；上部叶渐小，基部稍呈耳状抱茎。头状花序数个，排列成聚伞状；总苞钟状，总苞片3～4层，外层短，卵形或长卵形，内层披针形，具膜质边；舌状花黄色，多数。瘦果稍扁，长圆形，两面具3～5条纵肋；冠毛白色。花果期6—9月。

生于田间、撂荒地、路旁、河滩、湿草甸及山坡。

147. 兔儿伞 Syneilesis aconitifolia (Bunge) Maxim.

多年生草本，高70～120cm。茎直立，单一，上部带紫褐色。幼叶反卷折叠如破伞，基生叶1，盾状圆形，径8～10cm，掌状近7～9全裂，裂片1～3次叉状深裂，小裂片宽线形，锐尖，边缘具不整齐锯齿，背面疏被白色短毛，茎生叶较小，形同基生叶，最上部叶线状披针形，全缘；基生叶具长柄；茎生叶具短柄至近无柄。头状花序多数，排列成密伞房状；苞叶线形；总苞紫褐色，圆筒形，总苞片1层；花8～10，白色，先端粉红色。瘦果长圆状筒形；冠毛淡褐色或污白色。花期7—8月，果期8—9月。

生于干山坡、灌丛、草地、林缘、山坡林间。

148. 蒙古蒲公英 Taraxacum mongolicum Hand.-Mazz.

多年生草本。叶莲座状，长圆状倒披针形或倒披针形，长5～15cm，宽5～15mm，外层全缘或波状缘，向内层边缘具不整齐牙齿或浅裂至深裂，顶裂片近三角状戟形，先端钝，两面疏被蛛丝状毛或无毛；叶具短柄。花葶数个，与叶近等长；总苞下密被蛛丝状白绵毛，绿色，总苞片3层，外层卵状披针形或披针形，密被白色长柔毛，背部先端具大角状凸起，内层线形或线状披针形，先端具小角状凸起；舌状花黄色。瘦果长圆形，上部具刺状小瘤；冠毛白色。花果期5—7月。

生于路旁、山坡、湿草地。

149. 苍 耳 **Xanthium sibiricum** Patin ex Willd.

一年生草本，高达1m，全株被白色短糙伏毛。茎直立，具棱，带黑紫色斑点。茎生叶互生，三角状广卵形或心形，长4～9cm，宽5～9cm，先端尖或钝，基部心形或近截形，稍下延，基出3脉，两面粗糙；叶具长柄。雄头状花序球形；总苞片长圆状披针形，被短柔毛；雄花多数，花冠黄绿色，钟形，5裂；雌花序卵形；总苞片2层，外层较短，被柔毛，内层结合成囊状，先端具1～2喙，被钩状刺；无花冠。瘦果1～2，椭圆形，黑灰色，先端具小刺尖。花期7—8月，果期9—10月。

生于田间、路旁、荒山坡、撂荒地以及住宅附近。

150. 泽　泻　Alisma orientale (Sam.) Juz.

多年生草本。具块茎。叶常多数，沉水叶条形或披针形；挺水叶宽披针形、椭圆形至卵形，先端渐尖，稀急尖，基部宽楔形、浅心形，具5脉，边缘膜质；叶具长柄。花序具3～8轮分枝，每轮分枝3～9；花葶高78～100cm；花两性；外轮花被片广卵形，常具7脉，边缘膜质，内轮花被片远大于外轮；花柱长于心皮，柱头短；花药黄色或淡绿色；花托平凸，近圆形。瘦果近矩圆形；果喙自腹侧伸出，喙基部凸起，膜质。花果期5—10月。

生于湖泊、河湾、溪流、水塘、沼泽、沟渠及低洼湿地。

151. 花　蔺　Butomus umbellatus L.

多年生草本，常丛生。根茎横走或斜向生长，节生须根多数。叶基生，上部伸出水面，线形，先端渐尖，基部扩大成鞘状，鞘缘膜质；叶无柄。伞形花序，基部具苞片3，卵形，先端渐尖；花葶圆柱形，长约70cm；花被片外轮花萼状，较小，绿色而稍带红色，内轮花瓣状，较大，粉红色；花丝扁平，基部较宽；柱头纵折状向外弯曲。蓇葖果顶端具长喙，成熟时沿腹缝线开裂。种子多数，细小。花果期7—9月。

生于湖泊、水塘、沟渠浅水中或沼泽。

152. 砂　韭　**Allium bidentatum** Fisch. ex Prokh.

多年生草本。鳞茎数枚紧密聚生，圆柱状，有时基部稍扩大，外皮褐色至灰褐色，薄革质，条状破裂，有时顶端破裂成纤维状。叶半圆柱状，短于花葶。伞形花序半球状，花较多，密集；花葶圆柱状，高10～30cm，下部被叶鞘；总苞2裂，宿存；小花梗近等长，与花被片近等长，基部无小苞片；花红色至淡紫红色；花被片6，2轮，内轮先端近平截，常具不规则小齿；雄蕊6，等长，2轮，略短于花被片，基部合生并与花被片贴生。蒴果卵圆形。花果期7—9月。

生于向阳山坡或草原上。

153. 黄花葱 Allium condensatum Turcz.

多年生草本。鳞茎近圆柱状，单生，外皮红褐色，薄革质，有光泽，条裂。叶圆柱状或半圆柱状，具纵沟槽，中空。伞形花序球状，多花密集；花葶圆柱状，实心，高30～80cm，下部被叶鞘；总苞2裂，宿存；小花梗近等长，基部具小苞片；花淡黄色或白色；花被片6，2轮；雄蕊6，2轮，花丝等长，锥形，无齿，基部合生并与花被片贴生；子房倒卵球状，腹缝线基部具有短帘的凹陷蜜穴，花柱伸出花被外。蒴果卵圆形。花果期7—9月。

生于山坡或草地。

154. 长梗韭 **Allium neriniflorum** Baker

多年生草本。植株无葱蒜气味。鳞茎卵球状至近球状，单生，外皮灰黑色，膜质，不破裂，内皮白色，膜质。叶圆柱状，中空，具有细糙齿纵棱。伞形花序疏散；花葶圆柱状，下部被叶鞘；总苞单侧开裂，宿存；小花梗不等长，基部具小苞片；花红色至紫红色；花被片6，2轮，具一深色中脉，基部靠合成管状，分离部分星状开展；雄蕊6，2轮；子房圆锥状球形，柱头3裂。蒴果卵圆形。花果期7—9月。

生于山坡、湿地、草地或海边沙地。

155. 野　韭　Allium ramosum L.

多年生草本。根状茎粗壮，横生；鳞茎近圆柱状，外皮褐色，破裂成纤维状，呈网状。叶基生，三棱状线形，背面具龙骨状隆起的纵棱，中空。伞形花序半球状或近球状，多花；花葶圆柱状，具纵棱，有时不明显，高25～60cm，下部被叶鞘；总苞单侧开裂至2裂，宿存；小花梗近等长；花白色，稀淡红色；花被片6，2轮，具红色中脉；花丝等长，基部合生并与花被片贴生；子房倒圆锥状球形，具3圆棱，外壁具细疣状凸起。蒴果卵圆形。花果期6—9月。

生于向阳山坡、草坡或草地上。

156. 山　韭　Allium senescens L.

多年生草本。根状茎粗壮，横生；鳞茎近圆锥状，单生或数枚聚生，外皮灰黑色至黑色，膜质，不破裂，内皮白色，有时带红色。叶狭条形至宽条形，肥厚，基部近半圆柱状，上部扁平。伞形花序半球状至近球状，多花密集；花葶圆柱状，常具2纵棱，下部被叶鞘；总苞2裂，宿存；小花梗近等长，基部常具小苞片；花紫红色至淡紫色；花被片6，2轮；雄蕊6，2轮，花丝等长，基部合生并与花被片贴生；花柱伸出花被外。蒴果卵圆形。花果期7—9月。

生于草原、草甸或山坡。

157. 细叶韭　*Allium tenuissimum* L.

多年生草本。鳞茎数枚聚生，近圆柱状，外皮紫褐色、黑褐色至灰黑色，膜质，顶端不规则破裂。叶半圆柱状至近圆柱状，与花葶近等长。伞形花序半球状或近扫帚状，松散；花葶圆柱状，具细纵棱，光滑，高10～35（50）cm，下部被叶鞘；总苞单侧开裂，宿存；小花梗近等长，具纵棱，基部无小苞片；花白色或淡红色，稀紫红色；外轮花被片卵状矩圆形至阔卵状矩圆形，先端钝圆；雄蕊6，2轮，花丝基部合生并与花被片贴生；花柱不伸出花被。花果期7—9月。

生于山坡、草地或沙丘上。

158. 知　母　Anemarrhena asphodeloides Bunge

多年生草本。根状茎粗壮，单向横走，与地上茎近成直角，拐角处反向稍凸出，呈“脚后跟”状，为残存的叶鞘所覆盖，须根多数，肉质。叶基生成丛，线形，基部扩大成鞘状，质稍硬。总状花序较长，20～50cm；花葶直立，明显长于叶，自叶丛生出；花小，2～3（6）簇生，紫红色、淡紫色或白色；花被片中央具3脉，宿存。蒴果狭椭圆形，顶端有短喙。花果期6—9月。

生于山坡、草地或路旁较干燥或向阳的地方。

159. 兴安天门冬 **Asparagus dauricus** Fisch. ex Link

多年生草本，高20～70cm。根状茎短粗，稍肉质。茎直立，分枝多数，斜生。小枝近叶状，1～6簇生，与分枝成锐角，少有平展的，近扁圆柱形，长1～5cm，粗0.3～0.7mm，表面具几条不明显的钝棱，伸直或稍弯曲；叶退化成鳞片状，基部无刺。花1～4，每2花腋生，黄绿色，单性；雌雄异株，雄花花被片6，倒披针形，中部以下稍联合，与花梗近等长；雌花极小，花被片短于花梗。浆果球形，表皮光亮，初熟时红色，后变红黑色或近黑色。花期5—6月，果期7—9月。

生于沙丘或干燥山坡上。

160. 小黄花菜 Hemerocallis minor Mill.

多年生草本。具短的根状茎和绳索状须根，不膨大，外皮淡黄褐色，具深浅不一的横纹。叶基生，长20～60cm，宽3～14mm，灰绿色，长线形，先端渐尖，基部渐狭而抱茎。花序单一直立，自叶丛中抽出，顶端具1～2花，稀具3花；花梗短；苞片近披针形；花大芳香，淡黄色，近漏斗状，上部6裂，2轮，开花时，花被片向外反卷，下部结合成管状。蒴果较大，椭圆形或矩圆形，熟时3瓣裂。花果期5—9月。

生于草地、山坡或林下。

161. 条叶百合　Lilium callosum Sieb. et Zucc.

多年生草本，高50～90cm，全株无毛。鳞茎小，扁球形，高2cm，直径1.5～2.5cm，鳞片卵形或卵状披针形，白色。茎直立，无毛。叶条形，互生，长3～14cm，宽1～5mm，具3条脉。花单生，下垂，稀数花排成总状花序；苞片1～2，叶状，顶端明显加厚；花被片红色或淡红色，倒披针状匙形，中部以上反卷，几无斑点，蜜腺两边有稀疏的小乳头状凸起；花丝钻状线形，无毛，花药线形；花柱短于子房，柱头膨大，3裂。蒴果狭矩圆形。花期7—8月，果期8—9月。

生于山坡或草丛及河边、草甸。

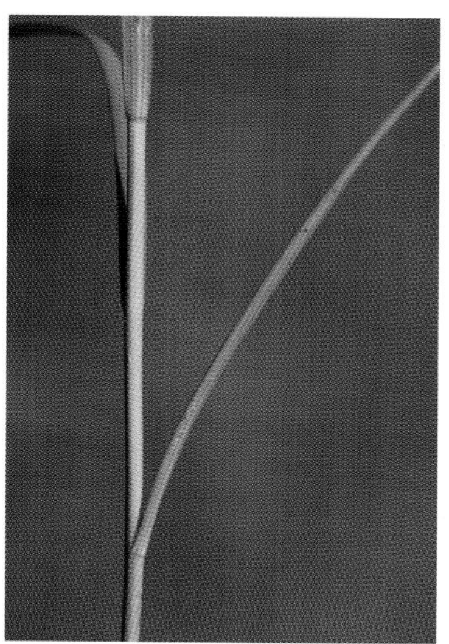

162. 山 丹 Lilium pumilum DC.

多年生草本，高20～70cm。鳞茎卵形或圆锥形，鳞片矩圆形或长卵形，白色，外层鳞片膜质。茎具小乳头状凸起，有的带紫色条纹。单叶互生，线形或丝状，散生于茎中部，向上伸展。花大，单生，下垂，稀数花排成总状花序，鲜红色，无斑点；花被片6，2轮，反卷；蜜腺两边有乳头状凸起；花丝无毛，花药长椭圆形，黄色，花粉近红色；花柱长于子房，柱头膨大，3裂。蒴果矩圆形或近球形。花期7—8月，果期9—10月。

生于草原沙质地、山坡草地或林缘。

163. 玉　竹　Polygonatum odoratum (Mill.) Druce

多年生草本，高30～50cm。根状茎肥大，圆柱形。茎单一，粗壮，棱显著。叶椭圆形至卵状矩圆形，长3～16cm，宽2～8cm，先端尖，表面绿色，背面灰白色，下面脉上平滑至呈乳头状粗糙。花小，1～2（4）花生于叶腋；花梗下垂；无苞片或具条状披针形苞片；花被片6，黄绿色至白色，先端淡绿色，6裂，花被筒较直，分裂；雄蕊6，花丝丝状，近平滑至具乳头状凸起，花药线形。浆果蓝黑色。花期5—6月，果期7—9月。

生于林下、灌丛、沟边或山野阴坡。

164. 绵枣儿 Scilla sinensis (Lour.) Merr.

多年生草本。鳞茎短圆锥形至卵形，外皮黑褐色。叶基生，通常2～5，狭带状长条形，表面具纵沟，柔软而略带黏性。总状花序顶生，花小，多数，密集；花葶通常比叶长；花梗基部有1～2较小的、狭披针形苞片；花紫红色或粉红色；花被片6，平展，近椭圆形、倒卵形或狭椭圆形，仅基部稍合生而成盘状，先端钝且增厚；雄蕊6，花丝近披针形，紫色；子房近球形。蒴果近倒卵形。种子黑色。花果期7—11月。

生于山坡、草地、路旁或林缘。

165. 雨久花　Monochoria korsakowii Regel et Maack

一年生水生草本，高20～60cm，全株光滑无毛。根状茎粗壮；具柔软须根。茎直立中空。叶广卵状心形或广卵形，先端锐尖，质厚，有光泽；基生叶具长柄，叶柄有时膨大成囊状；茎生叶具短柄，基部宽鞘状抱茎。总状花序顶生，有时再聚成圆锥花序，长于叶；花被片蓝紫色，椭圆形，辐射对称，6裂达基部，近离生，不形成花被管；雄蕊6，1花药较大，浅蓝色，其余花药黄色。蒴果卵状椭圆形。花期7—8月，果期9—10月。

生于池塘、湖沼靠岸的浅水处和稻田中。

166. 射　干　Belamcanda Chinensis (L.) DC.

多年生草本，高50～150cm。具不规则的块状根状茎；须根多数，带黄色。茎单一直立，实心。叶互生，嵌迭状排列，剑形，基部鞘状抱茎，顶端渐尖，无中脉。二歧伞房花序顶生；花橙红色，散生紫褐色斑点；花被裂片6，近同形，2轮排列；雄蕊3；花柱上部稍扁，顶端3裂，具细短的毛。蒴果倒卵形或长椭圆形，顶端无喙，常残存有枯萎的花被，成熟时室背开裂，果瓣外翻。种子近球形，黑紫色，有光泽。花期6—8月，果期7—9月。

生于林缘或山坡草地。

167. 马 蔺 **Iris lacteal** Pall. var. **chinensis** (Fisch.) Koidz.

多年生密丛草本。叶基生，宽线形，长可达40cm，宽4～6mm，质硬，蓝绿色，长剑形，常扭曲，顶端尖锐，两面叶脉明显。花葶自基部抽出；总苞叶状，顶端锐尖，淡绿色；苞片3～5，草质，绿色，边缘白色；花2～4，乳白色，短于叶片；花被片6，浅蓝色、蓝色或蓝紫色，具较深色的条纹，2轮，外轮3，较大，倒披针形，反卷；花柱花瓣状，顶端2裂。蒴果长椭圆状柱形，棕褐色。花期5—6月，果期6—9月。

生于荒地、路旁及山坡草丛中。

168. 细叶鸢尾　Iris tenuifolia Pall.

多年生草本，高20～60cm，植株基部具棕褐色老叶叶鞘。根状茎块状，短而硬，木质，黑褐色。基生叶线形，长20～60cm，宽1.5～2mm，质硬，扭曲，无明显中脉。花葶明显短于叶；苞片4，不膨大，披针形，边缘膜质，中肋明显；花2～3，淡紫色或蓝紫色，花瓣有明显紫色脉纹；花丝与花药近等长；花柱顶端裂片狭三角形。蒴果倒卵形，顶端有短喙，成熟时沿室背自上而下开裂。花期4—5月，果期8—9月。

生于固定沙丘或沙质地上。

169. 粗根鸢尾　Iris tigridia Bunge

多年生草本，植株基部常残存大量老叶叶鞘纤维，棕褐色。根状茎短小不明显，木质。叶深绿色，有光泽，狭条形，果期增长，顶端长渐尖，基部鞘状，膜质，无明显中脉。花茎细，不伸出或略伸出地面；苞片2，黄绿色，膜质，狭披针形，顶端短渐尖；内具1蓝紫色小花；花被片6，2轮，外轮具紫褐色及白色的斑纹；雄蕊3；花柱分枝扁平，顶端裂片狭三角形。蒴果卵圆形或椭圆形，具宿存花被。花期5月，果期6—8月。

生于固定沙丘、沙质草原或干山坡上。

170. 单花鸢尾　Iris uniflora Pall. ex Link

多年生草本，植株基部具黄褐色的老叶残留纤维及膜质的鞘状叶。根状茎细长，二歧分枝，节处略膨大。叶条形或披针形，花期5～20cm，果期达30～45cm，顶端渐尖，基部鞘状，无明显中脉。花茎纤细，中下部具1膜质披针形的茎生叶；苞片2，黄绿色，等长，质硬，干膜质或纸质，披针形或宽披针形；内具花1，花蓝紫色；花被片6裂，2轮，外轮平展，内轮直立；花丝细长。蒴果圆球形，具6肋，顶端常宿存花被，基部宿存苞片。花期5—6月，果期7—8月。

生于干山坡、林缘、路旁及林中旷地，多成片生长。

171. 细灯心草 Juncus gracillimus V. Krecz. et Gontsch.

多年生草本，高25～75cm。具横走根状茎。茎直立丛生，圆柱形，中空，基部具鞘状鳞片。有基生叶和茎生叶，叶狭线形，长8～16cm，宽约1mm，扁平，边缘卷曲，顶端具叶耳。复聚伞花序顶生，花单生；总苞片叶状，比花序长或短；小苞片广卵形，膜质，先端尖；花黄绿色；花被片6，2轮，近等长，先端钝圆，背面稍带红色；雄蕊6；柱头3。蒴果卵状球形，褐色或红褐色，熟时长于花被片。种子褐色。花果期6—8月。

生于水边，沟旁、草地及沼泽湿处。

172. 羽　茅　Achnatherum sibiricum (L.) Keng

多年生草本，高60～150cm。须根较粗。秆直立，平滑，疏丛，基部具鳞芽。叶扁平或边缘内卷，质地较硬，表面与边缘粗糙，背面平滑；叶鞘松弛，光滑；叶舌厚膜质，平截，顶端具裂齿。圆锥花序紧缩，分枝3至多数簇生，自基部着生小穗；小穗草绿色或紫色；颖膜质，近等长或第二颖稍短，无毛；外稃顶端具2微齿，具3脉，脉于顶端汇合；芒长，1回或不明显的2回膝曲，芒柱扭转且具细微毛；内稃与外稃近等长，无脊，具2脉。颖果圆柱形。花果期7—9月。

生于山坡草地、林缘及路旁。

173. 冰　草　Agropyron critatum (L.) Gaertn.

多年生疏丛草本，高30～75cm。须根具稠密沙套。秆直立，基部膝曲。叶披针形，质地较硬，粗糙内卷，表面被毛，背面无毛；叶鞘紧包茎，粗糙或边缘具微毛；叶舌膜质，顶端截平。穗状花序扁平，较粗壮，宽而短，小穗含（3）5～7小花，紧密平行排列成两行，整齐呈篦齿状，顶生小穗退化不孕；颖舟形，具脊，被长柔毛；外稃被稠密的长柔毛或稀疏柔毛；内稃脊上具短小刺毛。花果期7—9月。

生于干燥草地、山坡、丘陵以及沙地。

174. 野古草　Arundinella hirta (Thunb.) Tanaca

多年生草本，高70～100cm。根状茎横走，密被多脉鳞片。秆直立，疏丛生，质硬，后期红紫色。叶带状披针形，较宽，无毛或两面密被疣毛；叶鞘无毛或被疣毛；叶舌短，具纤毛。圆锥花序紧缩；小穗成对生于穗轴各节，灰绿色，后期红紫色，含2小花，上两性花，下雄花；颖卵状披针形，具3～5脉；第一外稃无芒；第二外稃无芒或具芒状小尖头。花果期7—10月。

生于山坡灌丛、道旁、林缘、田地边及水沟旁。

175. 无芒雀麦 Bromus inermis Leyss.

多年生草本，高50～120cm。根状茎横走。秆直立，疏丛生，无毛或节下具倒毛。叶宽而长，先端渐尖，柔软无毛，叶量大；叶鞘闭合，长于节间，近鞘口开展；叶舌短。圆锥花序直立，较密集，分枝长达10cm，花期开展，后期紧缩；小穗含6～12小花，3～5轮生于主轴；小穗具长柄；小穗轴具小刺毛；颖不等长，膜质边缘；外稃广披针形，无毛，顶端无芒；内稃膜质，短于外稃。颖果长圆形，褐色。花果期7—9月。

生于林缘草甸、山坡、谷地、河边路旁。

176. 假苇拂子茅 Calamagrostis pseudophragmites (Hall. f.) Koel.

多年生草本，高50～150cm。秆直立丛生，具地下根状茎。叶条形，扁平或内卷，表面及边缘粗糙，背面平滑；叶鞘平滑无毛，或稍粗糙，短于节间；叶舌膜质，长圆形，顶端钝而易破碎。圆锥花序疏松开展，长圆状披针形，分枝簇生，斜生，细弱，稍粗糙，具多数小穗；小穗含1小花，线形，草黄色或紫色；颖不等长，具1脉或第二颖具3脉，主脉粗糙；外稃透明膜质，具3脉，顶端全缘，稀微齿裂，芒自顶端或稍下伸出，细直，细弱；雄蕊3。花果期7—9月。

生于山坡草地或河岸阴湿之处。

177. 虎尾草 Chloris virgata Swartz

一年生丛生草本，高20～60cm。秆直立或基部膝曲，光滑无毛。叶条状披针形；叶鞘松弛抱茎，最上部叶鞘膨大，包藏花序，呈棒槌状。穗状花序4～10指状着生于秆顶，常直立而并拢成毛刷状；小穗含2小花，覆瓦状紧密排列于穗轴一侧，幼时绿色，成熟时常带紫色；小穗无柄；颖膜质；第一小花两性，外稃纸质，3脉，两侧边缘具白色柔毛；内稃膜质，具2脊，脊上被微毛；第二小花不孕，仅存外稃，具长芒，自背部边缘稍下方伸出。颖果纺锤形，淡黄色。花果期6—10月。

生于路旁荒野，河岸沙地、土墙及房顶上。

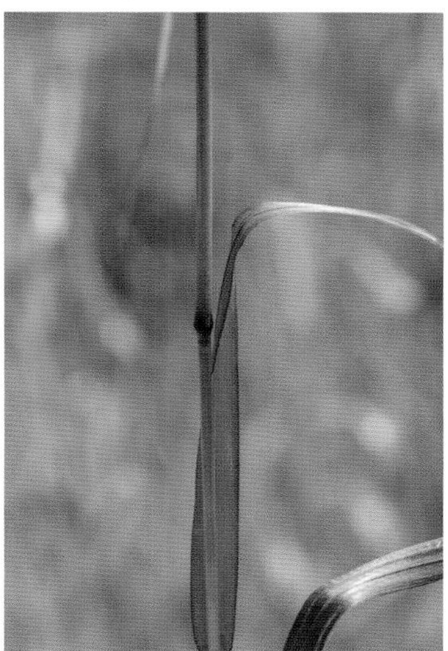

178. 中华隐子草　Cleistogenes chinensis (Maxim.) Keng

多年生丛生草本，高15～60cm。须根较粗壮。茎秆纤细，干后直伸，基部密生鳞芽。叶狭条形，常内卷，表面粗糙，背面光滑；叶鞘除鞘口外，皆平滑无毛；叶舌短，边缘具纤毛。圆锥花序疏展，伸出鞘外，具3～5分枝；小穗含3～5小花，黄绿色或稍带紫色；颖披针形，先端渐尖，具1～3脉；外稃具5脉，中脉延伸成芒，基盘具短毛；内稃与外稃近等长，顶端微凹，脊上粗糙。花果期7—10月。

生于山坡、丘陵、林缘草地。

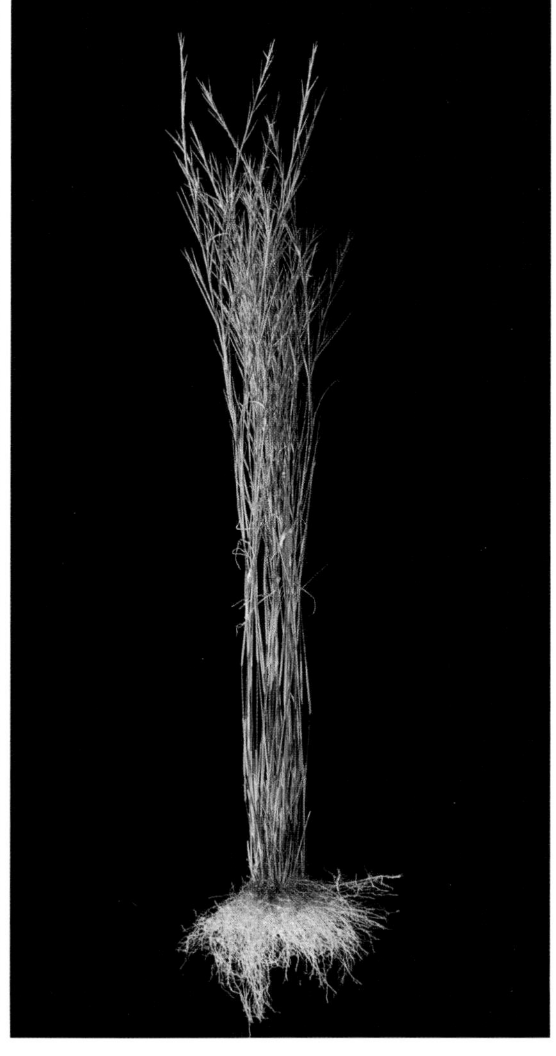

179. 隐花草 Crypsis aculeate (L.) Aiton

一年生草本，高5 ~ 30（40）cm。须根细弱。茎秆平卧或斜生，具分枝，光滑无毛。叶线状披针形，扁平或对折，先端呈针刺状，边缘内卷，上面微糙涩，下面平滑；叶鞘短于节间，松弛或膨大；叶舌短小，顶生纤毛。圆锥花序短缩成头状，下面紧托两枚膨大的苞片状叶鞘；小穗淡黄白色；小穗近无柄；颖不等长，具1脉；外稃长于颖，薄膜质，具1脉；内稃与外稃近等长；雄蕊2，花药黄色。囊果长圆形或楔形。花果期5—9月。

生于河岸、沟旁及盐碱地。

180. 野　稗　Echinochloa crusgalli (L.) Beauv.

一年生草本，高50～150cm。秆丛生，直立或基部倾斜，有时膝曲。叶扁平，线形，无毛，表面及边缘粗糙；叶鞘疏松裹秆，平滑无毛；无叶舌。圆锥花序疏松，常倾斜，近尖塔形；小穗卵形，单生或不规则簇生，密集排列于穗轴的一侧；穗轴粗糙，具棱，基部具硬疣毛；小穗含2小花，第一花不育；第一颖三角形，先端尖，脉上具疣基毛；第二颖与小穗等长，先端渐尖或具小尖头，具5脉，脉上具疣基毛；第一外稃顶端具短芒。

生于杂草地、沼泽地、路边及水稻田中。

181. 老芒麦 Elymus sibiricus L.

多年生草本，高60～90cm。秆单生或成疏丛，平滑无毛。叶扁平，两面粗糙，有时具疏毛；叶鞘光滑无毛。穗状花序较疏松，明显下垂，通常2小穗生于各节，穗轴边缘粗糙或具小纤毛，小穗排列不偏向穗轴一侧；小穗含（3）4～5小花，灰绿色或稍带紫色；颖狭披针形，具3～5明显的脉，脉上粗糙，背部无毛；颖先端具长芒，显著短于第一小花；外稃披针形，具5脉，顶端芒粗糙；内稃与外稃近等长，先端2裂，脊上具小纤毛。花果期6—9月。

生于路旁和山坡上。

182. 画眉草 Eragrostis pilosa (L.) Beauv

一年生丛生草本，高15～60cm，全株无鱼腥味。茎秆直立或斜上升，基部膝曲，纤细。叶扁平或内卷；叶鞘疏松抱茎，稍压扁，鞘口常具长柔毛；叶舌为一圈纤毛。圆锥花序开展，基部分枝近于轮生，枝腋间有长柔毛；小穗含数枚小花，两侧压扁，小花紧密覆瓦状排列成近卵形，小穗成熟后暗绿色或带紫色；小穗具长柄；颖膜质，通常无脉；外稃先端尖，侧脉不明显；内稃弓形弯曲，脊上粗糙。颖果长圆形。花果期8—11月。

生于荒芜田野草地上。

183. 野　黍　Eriochloa villosa (Thunb.) Kunth

一年生草本，高30～100cm。秆直立，基部分枝，节具髭毛。叶披针状条形，表面具微毛，背面光滑，边缘粗糙；叶鞘松弛包茎，无毛；叶舌短小，具纤毛。总状花序近穗状，密被白色长柔毛，常排列于主轴一侧，组成开展的圆锥花序；小穗单生，卵形或长圆形，背腹压扁，覆瓦状两行排列于穗轴一侧；第一颖退化，与小穗轴合生成环状；第二颖与第一外稃膜质，无毛；雄蕊3；花柱分离。颖果卵圆形。花果期7—10月。

生于山坡和潮湿地区。

184. 牛鞭草 **Hemathria sibirica** (Gand.) Ohwi

多年生草本，高40～100cm。具长而横走的根茎。秆直立，一侧有槽。叶较多，长线形，两面无毛；叶鞘边缘膜质，鞘口具纤毛；叶舌短小，具一圈纤毛。花序细圆柱状，先端尖，具节，单独顶生或1～3成束腋生；小穗孪生；1无柄，1有柄；无柄小穗具明显基盘，嵌生于穗轴的凹穴内，有柄小穗渐尖，与无柄小穗近等长；第一颖革质，等长于小穗，背面扁平，具7～9脉；第二颖膜质，稍和穗轴贴生；第一小花中性，仅存膜质外稃；第二小花两稃均为膜质。花果期6—7月。

生于田地、水沟、河滩等湿润处。

185. 短芒大麦草 **Hordeum brevisulatum** (Trin.) Link

多年生草本，高40～90cm。具短根状茎。秆疏丛生，光滑，直立，基部节常弯曲。叶条形，表面粗糙，绿色或灰绿色；叶鞘短于节间，无毛或基部疏生短柔毛；叶舌膜质，截平。穗状花序顶生，长狭圆柱形，略方，灰绿色，成熟时带紫色，弯曲，成熟时穗轴逐节自然断落；3小穗簇生于每节；侧生小穗具柄，不发育，中间小穗无柄，结实；颖针状，比外稃稍短；中间小穗外稃具短芒，两侧小穗外稃无芒；内稃与外稃近等长。花期6—8月。

生于河边、草地较湿润的土壤上。

186. 落　草　Koeleria cristata (L.) Pers.

多年生密丛草本，高20～60cm。秆直立或基部稍斜，基部具纤维状叶鞘。基部叶密集，线形，扁平或干后内卷，灰绿色，无毛或具短毛，边缘粗糙；叶鞘灰白色或淡黄色，无毛或被短柔毛；叶舌膜质，截平或边缘呈细齿状。圆锥花序紧缩呈穗状，直立，下部间断，有光泽，草绿色或黄褐色，主轴及分枝均被柔毛，花序下密被绒毛；小穗含小花2～4；颖不等长；外稃披针形，具3脉，背部无芒或具短尖头；内稃膜质，先端2裂。花果期5—9月。

生于山坡、草地或路旁。

187. 羊 草 **Leymus chinensis** (Trin.) Tzvel

多年生草本，高40～85（140）cm。具发达的根状茎，须根有砂套。秆散生，直立无膝曲，无毛，基部残留纤维状叶鞘。叶质厚而硬，扁平或内卷，下面较平滑，灰绿色或黄绿色；叶鞘光滑；叶舌截平，顶具裂齿，纸质。穗状花序顶生直立，穗轴边缘具细小睫毛；小穗含5～10小花，通常2小穗生于穗轴各节，或在花序上端及基部单生；小穗轴节间光滑；颖锥状，偏覆盖小穗，具1脉，上部粗糙，边缘具纤毛；外稃无毛，顶端渐尖或形成芒状小尖头；内稃与外稃近等长。花果期6—8月。

生于草原、丘陵坡地或平地。

188. 芦　苇　Phragmites australis (Clav.) Trin.

多年生高大草本，高50～300cm。根状茎粗壮，匍匐。秆直立坚硬，节下被白粉。叶扁平，线状披针形至宽披针形，中下部具齿痕状横向皱褶，边缘粗糙；叶舌短，密被短毛。圆锥花序顶生，稠密，分枝开展，微下垂；小穗常含4～7小花；第一小花雄性，颖及外稃具3脉；外稃无毛，基盘延长，两侧密被近等长于外稃的丝状柔毛；内稃两脊粗糙；雄蕊3，花药黄色。颖果长圆形。花果期7—9月。

生于池沼、河旁、湖边，在沙丘边缘及盐碱地上亦可生长。

189. 星星草 Puccinellia tenuiflora (Griseb.) Scrib. et Merr.

多年生草本，高30～60cm。秆丛生，直立或基部膝曲，灰绿色。叶常内卷，表面微粗糙，背面光滑；叶鞘平滑无毛，短于节间；叶舌膜质，顶端钝圆。圆锥花序疏松开展，主轴平滑，分枝细弱平展；小穗含2～3（4）小花，草绿色，后带紫色；小穗柄短，微粗糙；颖不等长，先端边缘有不整齐齿裂；外稃顶端钝，平滑无毛；内稃与外稃等长，平滑或脊上微粗糙；花药线形。花果期6—8月。

生于草原盐化湿地、固定沙滩、沟旁渠岸草地上。

190. 金色狗尾草　Setaria glauca (L.) Beauv.

一年生草本，高20～100cm。秆直立或基部膝曲。叶条状披针形，表面粗糙，背面光滑；叶鞘下部扁压具脊，上部圆形，光滑无毛；叶舌退化为一圈柔毛。圆锥花序紧密呈圆柱状，直立；主轴具短细柔毛；刚毛金黄色或稍带褐色，粗糙；花序轴上小穗簇由小穗和托以其下的多数刚毛组成，仅有1发育小穗；第一颖广卵形；第二颖长为小穗的1/2，先端钝；第一外稃与小穗等长；内稃膜质。颖果成熟时具明显横皱纹。花果期6—10月。

生于荒野、田间、道旁。

191. 狗尾草 Setaria viridis (L.) Beauv

一年生草本，高30～100cm。秆直立或基部膝曲。叶条形或披针形，扁平绿色，先端长渐尖，边缘粗糙；叶鞘松弛，边缘具较长的纤毛；叶舌退化为一圈柔毛。圆锥花序紧密呈圆柱状，直立或稍下垂；小穗椭圆形，2至多数簇生于主轴或缩短的分枝上，先端钝，熟后微肿胀，脱落；小穗基部具长刺毛，绿色、黄色或稍带紫色，宿存；第一颖卵形；第二颖及第一外稃与小穗近等长。颖果灰白色。花果期5—10月。

生于荒野、田间、道旁。

192. 大油芒 Spodiopogon sibiricus Trin.

多年生草本，高60～150cm。根状茎长，密被鳞片。秆粗壮直立不分枝。叶线状披针形，较宽，顶端长渐尖，表面及边缘粗糙；叶鞘鞘口具长柔毛；叶舌干膜质，极短，围生疏长毛。圆锥花序长圆形，疏散开展，分枝近轮生；穗轴具关节，节具髯毛，顶端膨大成杯状；小穗含2小花，灰绿色或草黄色，孪生；小穗1无柄，1有柄；颖近等长，被较长柔毛；外稃顶端2深裂；长芒自齿间伸出；内稃短于外稃，无毛；雄蕊3。颖果长圆状披针形，棕栗色。花果期7—10月。

生于山坡、路旁林荫之下。

193. 狼针草　Stipa baicalensis Rosh.

多年生草本，高50～80cm。须根具沙套。秆直立密丛生，基部宿存枯萎叶鞘。叶纵卷成线形，叶长可达40cm；叶鞘光滑或微粗糙；叶舌白色膜质，具睫毛。圆锥花序稀疏狭长，基部常藏于叶鞘内，每节簇生2～4细弱分枝，被短刺毛；小穗含1小花，灰绿色或紫褐色；外稃背部具短毛；芒自顶端伸出，2回膝曲扭转，光亮无毛，长13～19cm，芒针丝状卷曲，第一芒柱螺旋状扭曲，芒与外稃连接处具关节；内稃具2脉；花药黄色。花果期6—10月。

生于山坡和草地。

194. 锋芒草　Tragus racemosus (L.) All.

一年生草本，高15～25cm。须根细弱。茎丛生，基部常膝曲而伏卧地面。叶扁平，边缘加厚，软骨质，疏生小刺毛；叶鞘短于节间，无毛；叶舌纤毛状。穗形总状花序，顶生，通常3小穗簇生，具明显的柄；第一颖退化或极微小，薄膜质；第二颖革质，背部有5（7）肋，肋上具钩刺，顶端具明显伸出刺外的尖头；外稃膜质；内稃稍短于外稃；雄蕊3；花柱2裂，柱头2，帚状。颖果棕褐色，稍扁。花果期7—9月。

生于荒野、路旁、丘陵和山坡草地中。

195. 紫　萍　**Spirodela polyrrhiza** (L.) Schleid.

多年生浮水草本。根着生于叶状体背面近中央处，7～10束生，纤细，下垂，长2～5cm，先端具根冠。叶状体扁平，广倒卵形或椭圆形，长5～8mm，宽4～6mm，先端钝圆，全缘，表面绿色，具掌状脉7～11（13），背面紫色。花单性，雌雄同株；具短小膜质的佛焰苞；花序内有雄花2、雌花1；雄花具1雄蕊，花丝纤细；雌花具1雌蕊。果实圆形，边缘具翅。花期7—8月，果期7—9月。

生于池沼、河湖边缘静水中。

196. 狭叶香蒲　Typha angustifolia L.

多年生挺水草本，植株高大，通常超1.5m。茎直立，不分枝，粗壮。叶较窄，上部扁平；中部以下腹面微凹；叶鞘抱茎。穗状花序顶生，花单性，密集，雌雄花穗离生；雄花序轴具褐色扁柔毛，单出；叶状苞片1～3；雌花序基部具1叶状苞片，通常比叶宽；苞片花后脱落；雄花由3雄蕊合生，稀2或4，花丝短，细弱，下部合生成柄，向下渐宽；雌花具小苞片；不育柱头短尖，短于柱头。果穗圆柱形。种子深褐色。花果期6—9月。

生于湖泊、河流、池塘浅水处，沼泽、沟渠亦常见。

197. 寸　草　Carex duriuscula C. A. Mey.

多年生草本，高5 ~ 20cm。根状茎细长，具地下匍匐枝。秆疏松丛生，纤细，平滑，基部叶鞘灰褐色，细裂成纤维状。叶内卷，质硬，短于秆。穗状花序卵形或球形；小穗3 ~ 6，卵形，密生，具少数花。雌花鳞片宽卵形或椭圆形，锈褐色，边缘及顶端为白色膜质，顶端锐尖，具短尖；花柱基部膨大，柱头2。果囊小，稍长于鳞片，广卵形，革质，锈色或黄褐色，成熟时稍有光泽，顶端急缩成短喙。花果期4—6月。

生于草原，山坡、路边或河岸湿地。

198. 中间型荸荠 **Eleocharis intersita** Zinserl.

多年生湿生草本，高15～60cm。具地下匍匐枝。秆丛生，圆柱状，干后略扁，柔软，具纵纹。叶退化为鞘状，基部带红色，截形。小穗单一，顶生，卵形，长圆状卵形，稀卵状披针形，两性花多数密生；小穗基部2～3鳞片中空无花，其余鳞片具花，顶端急尖，黑褐色；下位刚毛4，稍长于小坚果，具倒刺，刺密；花柱基呈半圆形或短圆锥形，长宽几相等，海绵质，柱头2。小坚果倒卵形或宽倒卵形，双凸状，淡黄色，熟后为褐色。

生于沼泽、湿地。

199. 扁秆藨草 Scirpus planiculmis Fr. Schmidt

多年生草本，高30～80cm。具匍匐根状茎和块茎。秆较细，三棱形，平滑，靠近花序部分粗糙，基部膨大。叶扁平，向顶部渐狭；叶鞘长。苞片1～3，禾叶状，边缘粗糙；长侧枝聚散花序短缩成头状，稀具少数辐射枝，常具1～6小穗；小穗较大，卵形或长圆状卵形，锈褐色，具多数花；鳞片膜质，长圆形或椭圆形，褐色或深褐色，背部具糙硬毛；下位刚毛4～6，上生倒刺；雄蕊3；花柱长，柱头2。小坚果两侧扁压，淡褐色。花期5—6月，果期7—9月。

生于沼泽、湿地。

200. 绶　草　Spiranthes sinensis (Pers.) Ames

多年生草本，高15～30（60）cm。根多数簇生，指状，肉质。茎直立，单一，纤细。基生叶1至多数较短；茎生叶互生，较小，基部鞘状，叶宽线形或宽线状披针形，直立伸展，先端急尖或渐尖。花茎直立，上部被腺状柔毛至无毛；总状花序顶生，多花，呈螺旋状扭转；花小，粉红色，紧密排列在花序轴一侧；中萼片与花瓣靠合呈兜状，唇瓣不分裂，中部以上边缘具皱波状齿；花瓣卵状披针形；子房纺锤形，具毛。花期7—8月，果期8—9月。

生于山坡林下、灌丛下、草地或河滩沼泽草甸中。

参考文献

[1] 李书心. 辽宁植物志(上册、下册)[M]. 沈阳：辽宁科学技术出版社，1988—1992.

[2] 刘慎谔. 东北草本植物志(第1卷)[M]. 北京：科学出版社，1958.

[3] 刘慎谔. 东北草本植物志(第2卷)[M]. 北京：科学出版社，1959.

[4] 辽宁省林业土壤研究所编著. 东北草本植物志(第3卷)[M]. 北京：科学出版社，1975.

[5] 刘慎谔. 东北草本植物志(第4卷)[M]. 北京：科学出版社，1980.

[6] 辽宁省林业土壤研究所. 东北草本植物志(第5卷)[M]. 北京：科学出版社，1976.

[7] 辽宁省林业土壤研究所. 东北草本植物志(第6卷)[M]. 北京：科学出版社，1977.

[8] 刘慎谔. 东北草本植物志(第7卷)[M]. 北京：科学出版社，1981.

[9] 李书心，刘淑珍，曹伟. 东北草本植物志(第8卷)[M]. 北京：科学出版社，2005.

[10] 李冀云. 东北草本植物志(第9卷)[M]. 北京：科学出版社，2004.

[11] 秦忠时. 东北草本植物志(第10卷)[M]. 北京：科学出版社，2004.

[12] 辽宁省林业土壤研究所. 东北草本植物志(第11卷)[M]. 北京：科学出版社，1976.

[13] 傅沛云. 东北草本植物志(第12卷)[M]. 北京：科学出版社，1998.

[14] 傅沛云. 东北植物检索表(第2版)[M]. 北京：科学出版社，1995.

[15] 中国科学院中国植物志编辑委员会. 中国植物志(1~80卷)[M]. 北京：科学出版社，1959—2004.